你不懂厨房

〔日〕浜内千波 ◆ 著　陈泽宇 ◆ 译

南海出版公司

2019 · 海口

重新思考我们所谓的"常识"，
营养的食物也可以很美味！

我们生活中有很多约定俗成的事，比如："辣椒得把辣椒籽去掉""蔬菜需要用大量的开水来煮""处理牛蒡时要去除其本身的涩味"等，我们对此深信不疑。但如果重新思考一下，怎样让食物变得更有营养，如何进一步提升食物的味道和口感。有时我们刻意的一些工序，不仅麻烦，还会使食物中的营养流失掉，得不偿失。

我是一个敢于提出质疑的人，对于大部分人习以为常的事情，我总要想一想它们到底是不是这样，而且我不单单是空想，还会在实践中反复检验。随着探究的深入，以及烹饪学和营养学的学科发展，我逐渐了解到烹饪中一些所谓的"常识"其实是错误的。还有超市里卖的一些食材，由于人工培育技术的改良，现在的味道和营养价值也在不断地发生着变化。

比如，我们都认为苦瓜里白色的棉状瓜瓤特别苦，实际上它带有一点甜味，很美味；洋葱皮也一样，煮出来之后微甜，净化血液的功效更是达到了洋葱本身的30倍之高；牛蒡和莲藕的皮是其最有营养的部分，所以为了不让营养流失，我们一定要在削皮的方法上下功夫。

虽然我也经历过很多次失败，但是在反复尝试的过程中，我逐渐意识到，在按照所谓的"常识"去处理食材的时候，我们其实扔掉了很多健康又美味的东西。这是我要创作这本书的原因之一。

这一次我给大家介绍的新常识，主要是关于烹饪准备阶段的食材处理。准备阶段是做出美味佳肴的基础。而且我介绍的这些新常识通俗易懂，很多甚至简化了食材处理的工序。希望本书能对各位读者的日常烹饪有所帮助。

有百利而无一害的新常识

1 减少营养的流失！

正确的洗菜、削皮和烹饪方法能够在保证食物美味的前提下减少营养流失。

2 不要扔掉那些看似无用的部分！

对于那些富含了大量营养成分的根蒂、皮、菜心等部分，不要直接扔掉，我们完全可以将其巧妙地运用在烹饪中。

3 生吃蔬菜能更好地吸收营养！

西蓝花、菠菜还有款冬等都是可以直接生吃的蔬菜，而且生吃蔬菜能让其中的营养更好地被身体吸收。

4 提升食物的美味和口感！

通过烹饪前的准备、正确的搅拌手法和肉类烤制方法，能够在保证肉汁不流失的同时，使肉质松软且美味升级。

5 一点点小技巧也能使食物更好吃！

凉拌豆腐在和人体体温相近时最好吃，做蛋松时加入一点点醋就能使其口感更松软，这些小小的技巧一下子就能让食物变得更美味。

6 缩短烹饪时间！

因为新常识往往能够减少一些烹饪工序，所以做饭的时间也会缩短。对于忙碌的上班族来说，简直是必备的知识。

那么，让我来详细介绍一下
新常识的魅力吧!

① 减少营养的流失

蔬菜中有一些营养元素，如维生素C和B族维生素会随水流失掉，不过，只要我们使用正确的清洗、削皮、烹煮、去涩的方法，就可以更完整地保留蔬菜中的营养元素。比如，煮菜的时候尽量用较少的水蒸煮，牛蒡和莲藕的皮用锡纸削去薄薄的一层即可，牛蒡去涩时用少量的清水冲洗一遍即可。只要了解诸如此类的新常识，就能减少食物中营养的流失。

除此之外，还有去除肝脏内残血的方法，制作日式汉堡酱汁的方法，烤肉的方法等各种新常识，这些方法都能够帮助我们更好地摄取食物中富含的营养元素。

牛蒡用少量的水去涩

莲藕用锡纸削去薄薄的一层皮

蔬菜用少量的水蒸煮

② 不要扔掉那些看似无用的部分

黄瓜和胡萝卜的根蒂、青椒的籽、苦瓜的棉状瓜瓤、蔬菜的叶和菜心这些东西，我们一般会扔掉。但把富含营养的根蒂和菜叶一起炒，做出来的菜软嫩可口。菜籽和瓜瓤中都含有丰富的营养，而且加热之后带有微微的甜味，卷心菜和白菜的菜心不仅有丰富的酵素，而且能够大幅提升食物的口感，所以也可以作为煲汤底料反复使用。怎么样? 看似无用的食物中居然能摄取如此多的营养，所以别再把这些东西直接扔掉了!

菜花的菜叶

苦瓜的棉状瓜瓤

白菜的菜心

青椒的籽

生吃蔬菜能够更好地吸收营养

　　卷心菜、黄瓜、西红柿和生菜都是平时我们会直接生吃的蔬菜，而菠菜、西蓝花、茼蒿、款冬一般都是煮过再吃的。但煮过的蔬菜会失去大部分的营养，所以还是尽量生吃。煮菠菜主要是为了去除其中的草酸，但其实稍微用水泡一泡也可以生吃，只不过最好和一些含钙量丰富的菜搭配起来，这样就不用担心草酸了。至于西蓝花和茼蒿之类的蔬菜，直接生吃就可以，相信大家一定能发现其中的美味。为了能吸收更多的营养，让我们一起生吃蔬菜吧！

可生吃的茼蒿

可生吃的西蓝花

菠菜要泡水后生吃

4 提升食物的美味和口感

　　大家一定都有过这样的体验：做照烧鸡块的时候，肉总是会变硬；又或者一烤肉，肉片就会卷缩起来；做日式汉堡时，肉饼的口感特别柴，一点也不美味……其实在准备食材、处理食材、控制火候的过程中，一些常识导致的下意识行为往往会成为黑暗料理的原因。比如做照烧鸡块的时候，我们往往直接就开始烤鸡块，但实际上先煮一下鸡块能使口感更加软嫩；烤肉也是，不要用大火，用较弱的中火最为合适；做日式汉堡的时候在肉馅里加一点冷水能够使其更多汁，毕竟肉汁丰富是肉饼美味的关键之一。

用较弱的中火烤肉

在汉堡肉馅里加一点冷水

将照烧鸡块的鸡肉先煮一下

5 小小技巧使食物更美味

　　新常识还有很多令人惊喜之处。比如大家平常特别讨厌的鱼腥味，其实只要把鱼放在不锈钢方盘里静置一会儿就能去除；做蛋松的时候加一点点醋就能使其更加松软；将蚬贝放在冰箱里冷冻一下，其营养价值就能得到很大提升；凉拌豆腐的温度在和人体体温相近时最好吃。虽然这些都是小细节，但是了解得多了，烹饪水平就会越来越高，做饭也会越来越美味。

不锈钢方盘能够去除鱼腥味

和人体体温相近温度的豆腐最好吃

蚬贝经冷冻后营养翻倍

做蛋松的时候加点醋更松软

6 缩短烹饪时间

　　新常识不仅仅能够保留食物营养，使其更美味，还能够节省烹饪时间、简化烹饪的工序，这才是其最大的魅力所在。用白萝卜在鱼鳞上反复擦拭后，去除鱼鳞会更加轻松；油炸豆腐皮可以用厨房专用纸巾去油，不用再煮一遍；干萝卜丝用水洗一下就可以直接用于烹饪了；炸鱼的时候，买商家已经处理干净的鱼块来做，可以省去处理食材的时间。对于忙碌的人们来说，简便又快速的烹饪方法才是最好的。

买商家已经处理干净的鱼块来简化炸鱼的工序

干萝卜丝水洗即可

用厨房专用纸巾给油炸豆腐皮去油

鱼鳞用白萝卜擦拭后就可以轻松去除

美丽的容颜、健康的身体和丰富的心灵，从给自己做饭开始

不断进步的烹饪学习法

大约40年前，我开始开设家庭料理课程。那个时候，来上课的很多学生在家里跟母亲学过一些简单的家庭料理，所以来上课前就已经掌握了一定的烹饪技术。不过现在，我深刻地感受到，传授烹饪知识得从如何拿菜刀这样的小事教起。现代社会，待在家里就可以上网学到很多烹饪技巧，十分方便。

越基础越重要，越要认真教

网上的资源包罗万象，以至于其实你还没了解烹饪的基础知识，就开始上手做饭了。所以很多人苦恼自己明明学了很久，为什么做的饭就是不好吃。这样是行不通的，一定要认真地从头学起！我的学生几乎都是抱着这样的念头来上我的课。不过我很认真也很严肃！我不是单纯地教给大家一些菜谱，而是指导大家在做菜时，应该如何找到最适合这道菜的调味料、用量和烹饪方法。虽然刚开始有些难，但是只要掌握这些技巧，就能够很好地控制食物的口感，即使食材的种类和分量发生变化，也能灵活应对。这样才算掌握了做出美味料理的方法。

从买食材到自己开始做饭

从买食材开始一步步烹饪是一件十分享受的事情。我经常听我的学生说"家人喜欢自己做的饭，身体变得越来越健康了，现在更加享受每一天的生活"之类的感想。

每当听到这些话，我就为自己在做的事情感到自豪，觉得心情愉悦。这也是我想跟大家介绍我的这些新常识的原因之一。在现代社会，我们随处都能买到各种已经制作好的下酒菜、便当。虽然十分方便快捷，但是市场里卖的那些已经切好的蔬菜营养价值低，下酒菜和便当里的盐分又很高，靠那些食品只能获取少量的营养。如果你一直保持这样的不良饮食习惯，不仅皮肤会变得糟糕，身体也会越来越差。

所以最重要的还是要把蔬菜、肉、鱼、干货等各种各样的食材搭配起来食用，这样才能营养均衡，从而保持健康的身体。有了健康的身体，才能有丰富的心灵。所以我希望大家能够自己去买食材，从准备食材开始慢慢地学会自己烹饪。

不需要花费太多的时间和精力，哪怕是每天一道菜，试试自己烹饪的感觉，我相信大家很快就能感受到自己身体的变化。

从每天的饮食开始保持健康和活力！

目 录

第1章
关于蔬菜的新常识

第2章

关于肉类的新常识

`第3章`

关于鱼类的新常识

第4章

关于鸡蛋和半成品的新常识

料理的基础

第1章

关于蔬菜的新常识

你不知道就太可惜了

防止营养流失，不做无用功

烹饪知识点大公开

青椒连籽一起吃

青椒富含多种对皮肤有益的营养元素，如维生素C和叶红素。通常我们会把青椒里的籽和白筋直接扔掉，但其实它们富含钾和吡嗪，钾可以帮助身体排出多余的盐分，消除浮肿；而吡嗪则可以促进血液循环，保持血流通畅，对预防脱发也有一定的效果。

加热后食用，基本上吃不出青椒籽本身的味道，直接将生青椒籽像芝麻那样撒在沙拉或凉拌菜上食用更佳。食用青椒时连着籽一起吃，能获取更多的营养！

小知识

☑ **青椒的维生素 C 含量是西红柿的 4 倍**

青椒的维生素C含量很丰富，是西红柿的4倍，和柠檬差不多。维生素C耐热，所以对于不喜欢生吃食物的人来说，青椒是摄取维生素C的绝佳食材。

好的青椒，顶部棱角处富有弹性

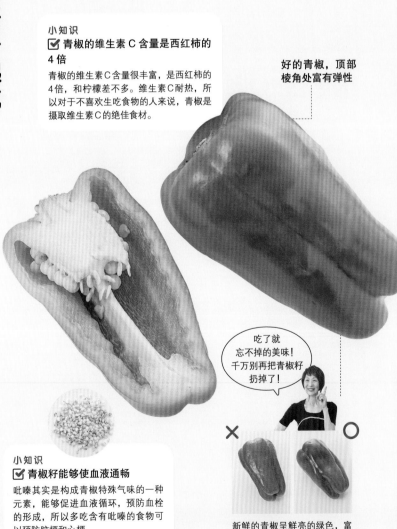

吃了就忘不掉的美味！千万别再把青椒籽扔掉了！

小知识

☑ **青椒籽能够使血液通畅**

吡嗪其实是构成青椒特殊气味的一种元素，能够促进血液循环，预防血栓的形成，所以多吃含有吡嗪的食物可以预防脑梗和心梗。

新鲜的青椒呈鲜亮的绿色，富有弹性且表皮有光泽

最佳食用时间：
每年6月至次年9月
主要营养成分：
维生素C、维生素E、维生素P、叶红素、钾
保存方法：
放入保鲜袋内，竖立置于蔬菜储藏室内保存。

[青椒的种类]

• 彩椒
现在在青椒的基础上还培育出了橙色、黄色、红色、紫色等各种颜色的彩椒，颜色十分丰富。比起青椒，这些彩椒肉质更厚实，甜味更明显且汁水丰富，叶红素的含量也更高。

彩椒的维生素C含量是青椒的**2倍**，红椒的叶红素含量是青椒的**2.5倍**！

虎皮青椒

青椒包括籽和白筋在内整个一起炒，口感柔软，十分美味。

食材（2人份）
青椒…7个（约300g）
低脂调味汁…适量
橄榄油…1大勺

做法

1 在平底锅内倒入橄榄油，油热后将青椒放入锅内摆好（**a**）。

2 不断翻转青椒，至青椒微焦后装盘，依个人口味洒适量低脂调味汁。

小贴士
这道菜的重点在于不要切开青椒，将其整个放入锅中，烧至略带焦色。变软的青椒籽趁热吃，特别美味。

胡萝卜切碎和加热后营养能达到原来的1.5倍

胡萝卜含有大量能提高免疫力、对皮肤和黏膜有益的叶红素。而且越接近胡萝卜皮的部分，叶红素的含量越高，胡萝卜皮的叶红素含量是胡萝卜中心部位的2倍以上。胡萝卜的根蒂部位则含有丰富的消化酶，有如此丰富营养元素的胡萝卜皮和根蒂，一定要留下来！

胡萝卜被加热或是经过粉碎后，其中的叶红素更易吸收，能达到原先1.5倍的吸收率。所以我们可以将胡萝卜连根带皮地煮软之后，再用搅拌机搅碎，做成浓稠的胡萝卜汤，这样能更好地摄取胡萝卜里的营养元素。如果没时间的话，就将胡萝卜用油炒一会儿再吃，也能提高叶红素的吸收率。

选择根蒂小且泛红的胡萝卜

在根蒂的中心处带有些许红色的胡萝卜比较甜，比较软。根蒂处越细的胡萝卜，中心部分越少，富集营养元素的部分相对较多。

×

○

好的胡萝卜比较红且有弹性

小知识

☑ **叶红素在体内能够转化成维生素 A**

叶红素不仅能够预防一些由不良的生活习惯导致的疾病，而且可以在体内转化成维生素A，保护皮肤、口腔等的上皮组织，还有益于眼睛黏膜。

[胡萝卜切得越碎，叶红素的吸收越好]

▶ **数据**

最佳食用时间：每年4月至8月、11月至12月　　主要营养成分：叶红素、钾
保存方法：去除水气后用纸将其一根根包好，放入保鲜袋内，竖立置于蔬菜储藏室内保存。

浓稠胡萝卜汤

入口的瞬间就能体会到的美味甘醇。

食材（2人份）
胡萝卜…1/2根（约100g）
牛奶…略多于1杯
干鲣鱼薄片…适量
盐…略少于1/2小勺
胡椒和大粒黑胡椒…各少许

做法

1 胡萝卜切圆片放入锅中。

2 锅中倒入2大勺水，盖上锅盖用小火煮20分钟。炖煮过程中，如果水快烧干了，再加入1～2大勺水（**a**），一直煮至胡萝卜变软为止。

3 把**2**中煮好的胡萝卜倒入搅拌器内，同时倒入牛奶、干鲣鱼薄片和其他个人偏爱的食材后搅拌均匀（**b**）。搅好的胡萝卜汁倒入锅内加热，用盐和胡椒调味。盛入碗中，最后撒上一点干鲣鱼薄片和大粒黑胡椒。

小贴士

用少量的水来煮胡萝卜，中途可加少量水，保持锅内水不烧干即可，最好是在煮好胡萝卜的同时水正好烧干（**a**）。
胡萝卜切得越细，叶红素的吸收越好，所以要用搅拌器一直搅拌成糊状（**b**）。

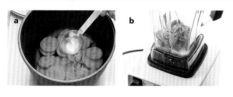

美味烤胡萝卜

用油烤一下也能促进叶红素的吸收。

食材（2人份）
胡萝卜…1根（约200g）
盐…1/4小勺
大粒黑胡椒…少许
橄榄油…1大勺

做法

1 胡萝卜竖着切片，每片厚度约为5mm。

2 平底锅内倒入橄榄油，油热后将切好的胡萝卜在锅内码好，表面撒上盐。

3 烤好一面后翻面，同样烤至焦黄色后装盘，撒上大粒黑胡椒。

茄子用盐来去涩

将茄子切开静置在空气中，过一段时间表面就会变成茶色。这是因为茄子表皮中含有的多酚在空气中被氧化了，也正是因此茄子吃起来会有涩味。这种涩味可以通过用水浸泡来去除。但是多酚可溶于水，在水里浸泡，虽然可以去涩，但是其中含有的对身体有益的营养也会随之流失。

怎样才能在去涩的同时，留住茄子里的营养呢？我们可以借助盐来完成。在盐的渗透压下，茄子里的水分和造成涩味的成分会一起析出。在茄子表面抹上盐，十分钟后，就能看到带着涩味的水滴流出。不过如果抹盐时间超过十分钟，茄子中的水分会流失殆尽，咸味也会渗入茄子中，所以一定要注意时间。

好的茄子根蒂的切口处呈绿色，光泽水润

小知识

☑ **茄子表皮中含有"茄子素"**

茄子皮的颜色被称为茄紫色，而茄子皮中还含有一种被戏称为"茄子素"的营养元素——花青素。它具有抗氧化等多种功效。很遗憾的是茄子本身的营养价值并不高，所以我建议大家吃茄子的时候不要削皮。

茄子刺呈弯曲状

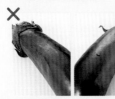

好的茄子茄身呈深紫色，色泽鲜艳，茄身上没有明显痕迹和变色。

▶ **数据**

最佳食用时间：每年6月至9月　主要营养成分：维生素B1、钾　保存方法：放入保鲜袋内，竖立置于蔬菜储藏室内保存。要注意防止室内温度过低使茄子皮变成茶色。

[茄子的种类]

·绿茄
茄子的绿色果皮含有叶绿素。虽然皮有点硬，但果肉部分加热后很软，适合煮着吃。

·圆茄
原产于美国，经日本改良后培育的一种大型茄子。肉质紧实，适合煮食、油炸等。

·长茄
长度30cm左右的一种茄子。果肉柔软，既可以烤也可以煮，应用范围较广。

❶ 茄子切成合适的大小，表皮朝下置于案板上，将盐均匀地撒在茄子上，盐的用量约为茄子重量的1/10。

❷ 静置10分钟，表面会析出茄子的水分。茶色的液体就是含有涩味的成分。控制咸味的渗透，静置时间不宜超过10分钟。

❸ 用厨房专用纸巾包住茄子轻轻按压吸收水分。就完成了去涩的工序，营养也没有流失。

✕ 用水浸泡
去除涩味的同时营养也流失了。

✕ 削皮
茄子皮里含有大量的营养，所以做茄子的时候不要削皮。

新常识菜谱

辣炒茄子

茄子皮的颜色十分好看，吃起来既不苦还很柔软。

食材（2人份）
茄子…4根（约300g）
盐…1/2小勺
切片猪肉…约100g
水和味噌…各2大勺
白砂糖…1大勺
白芝麻、辣椒粉…各少许
色拉油…2大勺

做法

1 茄子竖切成6等份后撒上盐，静置10分钟。用厨房专用纸巾吸除析出的水分。

2 在适量的水中倒入味噌和白砂糖，充分搅拌均匀。

3 平底锅内倒入色拉油，将茄子皮朝下放入锅中码好（a），用中火先烤带皮的那一面。待茄子整体都烤至焦黄色后盛出。

4 在刚才的锅内倒入猪肉翻炒，炒热后加入3中烤好的茄子，再倒入2中调好的酱料。翻炒均匀入味之后装盘。撒上白芝麻和辣椒粉。

小贴士
撒上盐之后析出的水分带有涩味，所以一定要用纸巾吸干。
炒茄子的时候要先加热茄子带皮的那一面。用油翻炒，茄子皮里的多酚才不会流失。

黄瓜的根茎不吃就可惜了

制作凉拌菜或者沙拉的食材中，黄瓜绝对是每天吃都不会腻的人气蔬菜。不过黄瓜可是作为全世界最没有营养的蔬菜被记录在吉尼斯世界纪录里的哦！虽然黄瓜里也含有钾和叶红素，但是含量最多的还是水分，占比90%。不过我们每次处理黄瓜时都会随手扔掉的根茎部分却富含一种被称为"黄瓜酶"的营养元素，它带有苦味，具有超强的抗氧化功能，因被认为具有一定的抗癌效果而受到关注。连着根茎部分一起吃，能从黄瓜中获得更多的营养。

黄瓜里大量的水分能够去暑，特别适合夏天食用。让我们一起将黄瓜里的营养一点不剩地吃进身体里吧。

小知识

☑ **钾能够改善浮肿**

黄瓜里富含的钾有利尿的作用，还可以帮助改善浮肿，缓解疲劳。同时能帮助身体排出多余的盐分。

有些品种的黄瓜表皮上没有这种小突起

好的黄瓜的根茎处很硬，整体具有一定的弹性。长度20cm左右的黄瓜适合做菜。

小知识

☑ **做菜的时候根茎部分不要扔**

根茎处富集了黄瓜里的大部分营养，剩下的部分90%都是水分。所以除了根茎之外，黄瓜可以说几乎没有营养，因此做菜的时候千万不要把根茎部分扔掉。

▶ **数据**

最佳食用时间：每年5月至9月　主要营养成分：钾、叶红素
保存方法：去除水气后用纸将其一根根包好，放入保鲜袋内，竖立置于蔬菜储藏室内保存。

连着根茎一起吃不会影响黄瓜的美味，而且会更好吃哦～

黄瓜沙拉

特别入味，根茎部分也很美味！

食材（2人份）

黄瓜…2根
盐…1/3小勺
生姜…1片
酱油…1大勺
纯芥末酱…适量

做法

1 黄瓜放在案板上，用木制饭勺将其压扁（**a**）。

2 将**1**中压扁的黄瓜切成适口的大小，撒上盐之后静置一段时间。待水分析出后，用手挤压去除水分。

3 生姜切姜末，和酱油及芥末充分混合后，同黄瓜一起搅拌。

小贴士

先将黄瓜拍扁，再切成适口的大小，能够增加黄瓜与调味汁接触的面积，使其更入味，包括根茎部分，吃起来口感更松软。

菠菜不需要过水焯

菠菜涩味较重，所以一般都认为要先将菠菜过水焯一会儿再吃，但这样就造成了营养流失。菠菜的涩味源于一种叫草酸的物质，如果被直接吃进体内，会在体内凝固，生成结石，无法排出。虽然过水焯一会儿的确可以去除草酸，但是维生素C等营养元素也会流失。

如何才能既保证营养，又避免草酸带来的负面影响呢？首先是改变洗菜的方法，将菠菜叶一根根舒展开再洗，因为根部草酸的含量更高，所以要将根部在水中浸泡10分钟。当然稍微用清水清洗一下也可以去除部分草酸。然后就是吃菠菜的时候，和含钙的食物一起吃，这样草酸就能够和钙在肠胃里结合，形成草酸钙直接排出体外。试着这样来尝尝菠菜的味道吧。

好的菠菜叶色较深，并且摸起来比较厚实

小知识

☑ **菠菜营养丰富**

除了叶红素之外，菠菜中还含有各种维生素、铁、钾等矿物质和叶酸等。对于预防贫血、改善高血压都有很好的效果。

好的菠菜根部泛红的部分比较大

小知识

☑ **根部泛红的部分不要扔掉**

我们处理菠菜的时候，特别容易直接扔掉根部。但其实里面富含的锰有益于骨骼生长。而且它带有一点甜味，和菠菜叶一起吃味道更佳。

▶ **数据**

最佳食用时间：每年12月至次年1月
主要营养成分：叶红素，维生素C、B族维生素、叶酸、铁、钾
保存方法：放入保鲜袋内，竖立置于蔬菜储藏室内保存。

[菠菜的种类]

• **圆叶菠菜**
（卷叶菠菜）
在寒冷环境下栽培的一种菠菜，糖分比较高，肉质厚实，基本没有涩味。

• **尖叶菠菜**
（沙拉菠菜）
为了生食而培育出的一种改良菠菜。涩味不是很强，叶片比较柔软，常用于制作沙拉。

焯水去除草酸
虽然焯水可以去除草酸，但是维生素等重要的营养元素也会一起流失。

将叶片舒展开用清水去除草酸
为了更好地去除草酸，将菠菜的叶片一根根舒展开，然后将根部浸在水中10分钟左右。如果轻轻摸一下菠菜根部，会有刺手的感觉，这就是草酸，要用水迅速将其冲洗干净。用这种方法浸泡之后，菠菜根部的污泥也会更容易清洗。

 牛奶　 芝士

 豆腐　 鸡蛋

 干鲣鱼薄片　 小鱼干

用钙来排出草酸

通过同时摄入牛奶、芝士、小鱼干等钙含量丰富的食物，可以使草酸不被身体吸收，直接排出体外。除了上述食物外，樱虾、油炸豆腐、小沙丁鱼等也是富含钙质的食物。

新常识菜谱

牛奶黄油炒鸡蛋
配生菠菜叶

菠菜和口感温和的鸡蛋特别搭。

食材（2人份）

菠菜…1/2把
鸡蛋…2个
牛奶…1大勺
盐和胡椒…各少许
大粒黑胡椒…少许
英国松饼…2个
苹果、猕猴桃、橘子…各适量
香叶芹…少许
咖啡…适量
黄油…1小勺

做法

1　菠菜叶舒展开，在水中浸泡之后清洗干净，去除水气。

2　鸡蛋、牛奶、盐和胡椒混合均匀，用平底锅将黄油熔化后做牛奶黄油炒鸡蛋。

3　在盘子上放上生菠菜叶，将**2**中做好的鸡蛋铺在菠菜叶上，撒上大粒黑胡椒。然后将烤制好的小松饼，切成适当大小的苹果、猕猴桃和橘子，还有香叶芹、咖啡一起摆放在盘子里。

小贴士

富含钙的牛奶和鸡蛋一起烹饪。虽然只用一种钙含量丰富的食物就可以，但是将2到3种食物组合起来吃，去除草酸的效果更佳。

南瓜慢慢加热更好吃

蒸南瓜的时候，是不是经常会把南瓜的形状煮垮？你是不是用大火咕嘟咕嘟地煮南瓜？南瓜中的淀粉质比较脆弱，一煮就特别容易垮掉，所以绝对不能用大火煮南瓜，一定要用小火加热。水烧开沸腾后，继续用小火慢慢加热。这样南瓜表面的淀粉质就能够凝结起来，形状不容易垮掉，煮出来的南瓜才会更美味、更香甜。

还有一个秘诀是用甜米酒煮南瓜。糖分会使食物变得柔软，而且甜米酒能够使南瓜在蒸煮过程中不易变形。

小知识

☑ **南瓜的营养价值超群**

南瓜在蔬菜中绝对是富含营养元素的优等生，含有碳水化合物、叶红素、钾、维生素群、钙、铁等，对皮肤、黏膜和眼睛等有益，能够提高免疫力。

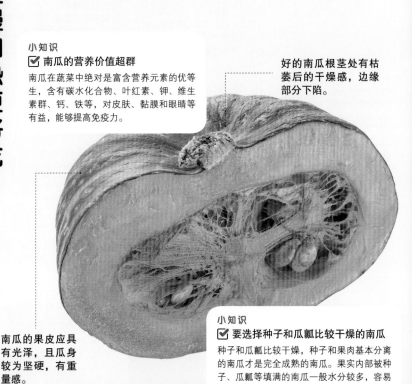

好的南瓜根茎处有枯萎后的干燥感，边缘部分下陷。

南瓜的果皮应具有光泽，且瓜身较为坚硬，有重量感。

小知识

☑ **要选择种子和瓜瓤比较干燥的南瓜**

种子和瓜瓤比较干燥，种子和果肉基本分离的南瓜才是完全成熟的南瓜。果实内部被种子、瓜瓤等填满的南瓜一般水分较多，容易发生霉变。

▶ 数据

最佳食用时间：每年2月至6月、8月至10月
主要营养成分：叶红素、钾、维生素C、维生素B_1、维生素B_2、维生素E、铁
保存方法：将种子和瓜瓤取出后，把纸巾揉圆来填满空出来的空间。然后将其放入保鲜袋内，竖立置于蔬菜储藏室内保存。

[南瓜的种类]

• **奶油南瓜**
这种南瓜具有葫芦一样独特的外形，奶油色的表皮。味道特别甜，果肉细腻，带有一点点黄油的口感。适合煮食或做汤。

[对比各种方法煮的南瓜]

✕

用大火煮出来的南瓜
在锅里放入南瓜、调料和水，用大火煮至沸腾后，转成中火再煮上一段时间。虽然只要不到15分钟，南瓜就变软，但是南瓜要么四分五裂地垮掉，要么边边角角散落开来，不够美观。

◯

用小火煮出来的南瓜
在锅里放入南瓜、调料和水，用小火一点点加热，直至沸腾。再用小火煮20分钟左右，直到将南瓜煮软。这样煮出来的南瓜微微膨胀，形状也保持得特别好。

用白砂糖煮南瓜
用白砂糖煮的话，南瓜会变得更加柔软，但是形状也更容易垮掉。

用甜米酒煮南瓜
用甜米酒代替白砂糖来煮南瓜，能够防止在煮的过程中南瓜形状垮掉。

慢慢地熬煮能够使味道和形状都更好，烹饪技术也逐渐提高了。

新常识菜谱

煮南瓜

干鲣鱼薄片的香气为煮南瓜增添一份精致感。

材料（2人份）

南瓜…1/4个（约300g）
盐…1/3小勺
甜米酒…2大勺
水…200mL
干鲣鱼薄片…3g
嫩叶…1片

做法

1 将南瓜切成一口大小，皮朝下，依次在锅里码好，不要上下重叠。

2 将盐、甜米酒和适量水倒入锅里，开小火，用小火煮20分钟左右。

3 干鲣鱼薄片擦成粉末状，均匀撒在南瓜上，然后出锅装盘，最后用嫩叶点缀一下即可。

小贴士

煮的时候一定注意不要把火开得太大，导致锅里一直处于沸腾的状态。这样才能使煮出来的南瓜形状完整，美味升级。南瓜皮含有比果肉更多的叶红素，所以建议大家连皮一起煮。

洋葱如果不吃皮，净化血液的功能会大打折扣

洋葱皮千万不要再扔掉啦！洋葱皮里有一种叫作槲皮素的物质，具有很强的抗氧化作用，能够促进胆固醇的代谢，净化血液。而且洋葱皮中这种物质的含量是白色果肉部分的30倍！这种物质具有耐热性，味道也比较温和，所以比起洋葱，吃洋葱皮更有好处。

不过也不是让大家生吃洋葱皮，我们可以在煮汤或者做各种煮食及杂粮饭的时候，加一点洋葱皮进去，这样洋葱皮里面的营养元素就能够进入汤汁里。平常也可以做一点洋葱皮茶，用起来更方便。

小知识

☑ **白色部分里含有丰富的硫化芳基**

硫化芳基就是导致葱属植物散发刺激气味的成分。它能够帮助吸收维生素B_1，促进新陈代谢，能有效预防由于不良的生活习惯导致的各种疾病。但这种成分一旦加热后就会被破坏，所以最好生吃。

好的洋葱头部比较坚硬，蒂头处不松散

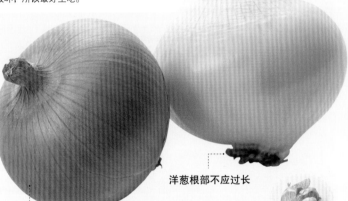

洋葱根部不应过长

洋葱表皮应当干燥且有光泽

小知识

☑ **槲皮素是一种黄色物质**

虽然槲皮素本身有苦味，但是经过煮制之后，能够变甜。除此之外，洋葱里还含有大量的叶红素、维生素和矿物质。

▶ **数据**

最佳食用时间：每年9月至次年5月（包括早熟型洋葱）
主要营养成分：糖分、硫化芳基、钾
保存方法：直接放在塑料袋里，竖置于蔬菜储藏室内保存即可。

[洋葱的种类]

· 早熟型洋葱
在初春上市的早熟型洋葱。水分较多，吃起来口感柔软，不是特别辛辣，适合做沙拉。

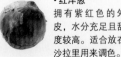

· 红洋葱
拥有紫红色的外皮，水分充足且甜度较高。适合放在沙拉里用来调色。

[洋葱皮茶的做法]

在锅里放入2个洋葱的皮和400mL水，用中火煮开，之后转小火，再煮10分钟即可。煮出来的洋葱皮茶呈淡淡的黄色，没有洋葱那股刺激的味道，口感很温和。直接喝或用来做菜都可以。

洋葱皮不要扔！比起白色的洋葱肉，皮更能净化血液。

保存 放在冷藏室内可保存2～3天。

新常识菜谱

洋葱猪肉咖喱

咖喱包裹着洋葱，满满的营养。

食材（2人份）

洋葱…1个
切片猪肉…约100g
盐和胡椒…各适量
水…400mL
洋葱皮…1个洋葱的量
咖喱…2人份
白饭…2人份
小西红柿…适量
色拉油…1大勺

做法

1 剥掉洋葱皮，然后将离洋葱果肉最近的一层皮留下（**a**）。将洋葱果肉部分纵向对切开，切丝。撒些许盐和胡椒在猪肉上。

2 平底锅内倒入色拉油，油热后将洋葱和猪肉一起倒入锅内翻炒，将肉炒至变色后，加入适量的水和洋葱皮（**b**），沸腾后煮5分钟。

3 将洋葱皮从锅中捞出（**c**），加入咖喱，煮至咖喱溶化，然后加入少许盐和胡椒调味。在盘子里装好白饭之后浇上咖喱，最后点缀上小西红柿。

小贴士

将洋葱的果肉和皮分开，然后使用柔软的皮来煮咖喱。一个洋葱大概可以剥出3g的皮使用（**a**）。将几张皮一起用牙签穿起来，这样煮的时候皮就不会分散在锅里（**b**）。煮5分钟左右后，将洋葱皮取出（**c**）。

青豆豆荚含有满满的美味元素

我们通常认为青豆的豆荚不能食用。豆荚全都是植物叶筋，而且特别坚韧，但其实豆荚里潜藏着能够使料理更好吃的神秘力量，那就是一种名叫谷氨酸的美味元素。豆荚里这种元素含量很高，只要煮一会儿，就能够得到特别美味的汤汁。将豆荚洗净后，用足量的水煮上30分钟即可。作为煲汤底料用来制作味噌汤和其他各种汤类简直再合适不过了。如果你想简化一下烹饪工序，那就直接将豆荚和各种食材一起煮，这样一下子就可以做出很美味的煮菜或汤。

豆荚可以冷冻保存，随取随用，真是一种宝贵的食材。

豆荚应饱满且具有弹性

好的青豆豆荚整体呈鲜艳的绿色

小知识

☑ 未完全成熟的豌豆就是青豆

青豆其实就是未完全成熟就被采摘的豌豆，一般作为料理的装饰使用，并不是烹饪的主角。但其实青豆中含有丰富的营养。虽然超市里经常会卖青豆罐头或是青豆的冷冻食品，但正当季的青豆还是有着不一样的香味和甜度的。

小知识

☑ 青豆能够缓解疲劳，促进肠道蠕动

青豆里含有丰富的B族维生素，而B族维生素具有缓解疲劳的作用，所以青豆是一种能使我们恢复精神的食物。它还含有很多的膳食纤维，这些膳食纤维不易被消化，能够直接进入肠道，从而缓解便秘。

▶ 数据

最佳食用时间：每年4月至6月
主要营养成分：碳水化合物、蛋白质、钾、锌、B族维生素、膳食纤维
保存方法：直接放在保鲜袋里，置于蔬菜储藏室内可保存1～2天。如果超过2天，可将豆子从豆荚中取出，再把豆荚放入保鲜袋里，冷冻保存。

[青豆的种类]

• 荷兰豆
豌豆早摘的品种，是叶红素含量较多的一种黄绿色蔬菜。因为豆荚比较柔软，所以能够与豆子一起食用。

• 美国豆苗
这是一种可以连豆荚一起食用的美国青豆品种。豆荚肉质厚实，很有嚼劲。豆子吃起来较甜。

我们只有打开豆荚，才能看到其中豆子的量和状态。不过单看豆荚的外观，也可以推测出豆荚里面的状况。现在我就给大家介绍一下挑选豆子的方法。好的青豆应该像右图中最右边的那根青豆一样，豆荚按豆子的形状保持良好的膨胀度，且其中的豆子颗粒饱满，排列紧密。

外观

内里

首先，我们从观察青豆的外观开始。最右边的青豆整体膨胀度比较好，且还能看到圆形豆子饱满的凸起。中间的青豆形状略瘦，豆荚表皮褶皱较多。最左边的看起来绿绿的，总体来说比较新鲜。

然后，让我们打开豆荚来看看里面的情况。最右边的豆子排列紧密，颗粒饱满，数量也比较多。中间的豆子看起来少了一点，还有富余空间。最左边的还是未成熟的状态，豆子很小而且比较坚硬。

新常识菜谱

青豆饭

豆子的丝丝甜味和香气体现得淋漓尽致。

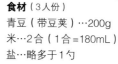
> 豆子形状比较饱满且颗粒较多的青豆才是好的青豆。

食材（3人份）
青豆（带豆荚）…200g
米…2合（1合＝180mL）
盐…略多于1勺

做法

1 撕去青豆筋后取出豆子，将豆荚用水冲洗干净，沥水。

2 米洗干净后放入电饭锅内，加水至对应的刻度后，加入盐，待其溶解后，在米上面放入豆荚，正常煮饭即可（**a**）。

3 饭煮好后立刻将豆子散放入锅内（**b**），然后盖上锅盖再蒸10分钟。吃的时候先将豆荚取出，然后将饭和豆子混合均匀即可。

小贴士

如果你想调整水量，一定要注意将豆荚均匀地铺在整体米饭上（**a**）。豆子不需要提前煮，生的放入锅内即可。蒸豆子时不会流失营养（**b**）。

a

b

圆白菜和大白菜的美味都在菜心里

圆白菜和大白菜的菜心，还有圆白菜的叶脉都含有大量能够提升食物美味的成分——谷氨酸。将其切丝之后作为煲汤底料使用，能够使食物更加美味，这绝对是一个烹饪秘诀！在你平常煮菜、煲汤、蒸菜、炒菜的时候，加一点菜心一起做。切丝后菜心里的谷氨酸更容易渗透到汤汁里，而且菜心也变软了，可以直接一起食用。将溶解到汤汁里的各种营养成分也一起吃掉，效果会更好！

圆白菜的叶脉里还有很多酵素，将其搅成泥状，然后做成饮料或加到肉丸子里，容易消化和吸收。

小知识

☑ **圆白菜对治疗胃炎和溃疡有效果**

我们经常听到的"圆白菜素"其实是维生素U的别名，因为人们是从圆白菜里发现它的，所以一般也将其称为圆白菜素。维生素U对于治疗胃炎和溃疡有一定的效果，对暴饮暴食引起的胃部不适也有缓解作用。

圆白菜叶应有良好的卷曲度

好的圆白菜应呈横状延伸

将圆白菜拿起来感受一下，应该有明显的重量感

菜心和叶脉里含有丰富的谷氨酸，这就是食物美味元素的集合！

▶ **数据**

最佳食用时间：每年3月至5月、7月至8月、1月至3月
主要营养成分：维生素C、维生素U、钾、叶红素
保存方法：将圆白菜的外层叶片包好，然后放在保鲜袋里，竖置于蔬菜储藏室内保存。

[圆白菜的种类]

· 紫甘蓝
日本也称之为红色圆白菜，是一种个头比较小的圆白菜品种。叶片呈紫色是因为其含有一种具有强抗氧化作用的植物色素——花青素。紫甘蓝也被作为天然色素使用。

小知识

☑ 最适合冬天食用，能够使身体暖和的蔬菜

在中药学中，大白菜是一种能够降低身体热量的蔬菜，但是将其加热后它就会成为温热的蔬菜，能够让身体变得暖和起来，而且能提高身体免疫力。

好的大白菜叶片呈新鲜的绿色，且有重量感

将大白菜对半切开，中心部分没有明显隆起的是好的大白菜

将富含美味成分的菜芯切成三角形，使用会更加方便。

▶ 数据

最佳食用时间：每年11月至次年2月
主要营养成分：维生素C、钾、钙、膳食纤维
保存方法：将大白菜的外层叶片包好，然后放在保鲜袋里，竖置于蔬菜储藏室内保存。

新常识菜谱

快煮圆白菜

大白菜也可以用同样的方法做，口味清淡。

食材（2人份）

圆白菜…1/4个（约300g）
筒状鱼卷（小）…2个
A 水…300mL
　酱油…1½大勺

做法

1 将圆白菜的菜心切丝，菜叶切成适口大小（**a**）。鱼卷切成方便使用的棒状。

2 在锅内加入鱼卷和调料**A**，用较弱的中火慢慢熬煮，煮开后加入菜心和菜叶，一直煮到圆白菜变软即可。

小贴士

将圆白菜的菜心部分切成很薄的丝状，叶片切成片状，然后一起煮，就能够使其更美味。维生素C也都进入了汤汁里，所以汤也别浪费，一起喝掉吧。

苦瓜应该连着瓜瓢一起吃

俗话说"良药苦口"，苦瓜虽然苦，但富含大量对身体有益的营养元素，除维生素 C 以外，还包括膳食纤维、钾、钙等，是缓解暑热的绝佳良药。苦瓜里的维生素 C 含量是西红柿的 5 倍。不过比起苦瓜果肉，更厉害的是苦瓜瓜瓢。其中的维生素 C 含量是果肉部分的 3 倍以上。这样宝贵的瓜瓢，绝对不能把它扔掉。

其实苦瓜的瓜瓢完全不苦，反而还带一点甜味，特别容易和调味料的味道调和开。而苦瓜的果肉中有一种元素，和能够降低血糖的植物胰岛素特别接近。所以吃苦瓜的时候要将果肉和瓜瓢一起吃哦！

好的苦瓜具有光泽，呈深绿色

苦瓜表面的凸起越大，苦瓜越不苦

苦瓜苦的程度我们可以通过表面的凸起来判断，凸起越明显，排列越紧密，证明苦瓜越不苦。相反，凸起越不明显就越苦。

不太苦的苦瓜　　比较苦的苦瓜

好的苦瓜拿在手里具有明显的重量感

小知识

☑ **瓜瓢的维生素 C 含量是果肉的 3 倍**

维生素 C 能够缓解疲劳、预防感冒，还能美容。而苦瓜瓜瓢中维生素 C 的含量是果肉部分的 3 倍之多！大家一定要连着瓜瓢一起吃，充满活力地度过每一天！

▶ **数据**

最佳食用时间：每年 6 月至 9 月　　主要营养成分：维生素 C、膳食纤维、钾、钙
保存方法：放在保鲜袋里，竖立置于蔬菜储藏室内保存。

炒苦瓜

用鱼肉肠来补充钙。

食材（2人份）

苦瓜…1/2根（约100g）

鱼肉肠…1根

鸡蛋…1个

盐…1/4小勺

胡椒和大粒黑胡椒…各少许

色拉油…1大勺

a

做法

1. 苦瓜纵向对切开，将种子挑出来（a），然后切成5mm厚的片状。将鱼肉肠斜切呈薄片状。

2. 在平底锅内倒入色拉油，油热后用中火炒苦瓜。苦瓜炒软后加入鱼肉肠一起炒，然后加入盐和胡椒调味。

3. 将打好的鸡蛋旋转着倒入锅内，一起炒匀。待鸡蛋形状固定后，撒上大粒黑胡椒。

小贴士

苦瓜的种子可以用竹扦轻易去除。瓜瓤里含有能让食物更美味的成分，所以这样炒出来的苦瓜更美味。

莲藕最好用锡纸擦拭去皮

说到给莲藕去皮，我们能想到的就是用刨刀削皮吧，但这样削下来的皮都特别厚，还会把莲藕皮及其附近果肉里含有的多酚也一起去除。莲藕具有延缓衰老、预防由不良的生活习惯导致的各种疾病的功效，削皮的时候薄薄地削下一层即可。最好用锡纸给莲藕削皮。将锡纸整理成圆形，轻轻擦拭莲藕表皮，很容易就能去皮，而且削下来的皮也很薄。这样可以尽可能地保留莲藕皮中富含的营养。

这样还能够去除莲藕中一种带有涩味的膳食纤维，保持莲藕的白净。这种削皮方式不仅可以缩减工序，还能让我们更好地摄取莲藕的营养。

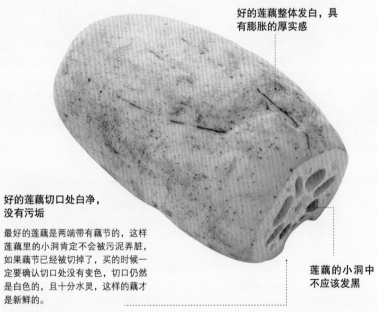

好的莲藕整体发白，具有膨胀的厚实感

好的莲藕切口处白净，没有污垢

最好的莲藕是两端带有藕节的，这样莲藕里的小洞肯定不会被污泥弄脏，如果藕节已经被切掉了，买的时候一定要确认切口处没有变色，切口仍然是白色的，且十分水灵，这样的藕才是新鲜的。

莲藕的小洞中不应该发黑

小知识

☑ 莲藕中含有能够保护黏膜的成分

切开莲藕，就会有很多难以切断的细细的丝，这些丝里含有黏性成分，能够保护胃黏膜和胃壁。同时还能促进蛋白质和脂肪的消化吸收，所以特别适合和鱼类、肉类一起吃。

▶ **数据**

最佳食用时间：每年11月至次年3月

主要营养成分：碳水化合物、维生素C、维生素B₁、铁、铜、单宁、膳食纤维

保存方法：用保鲜膜包好，彻底使其与空气隔绝之后，放入保鲜袋里，竖置于蔬菜储藏室内保存。

将锡纸整理成圆球状，然后轻轻擦拭莲藕表皮来去皮。我们明显可以看出，这样去皮比用刨刀削下的皮要少得多。之后只要用水洗干净，就能看到白色光滑的莲藕。

✗ 用刨刀来削皮的话，削下来的皮太厚，营养也随之流失。

用锡纸就可以让去皮的莲藕光滑白净，是不是很简单？

新常识菜谱

微波炉糖醋藕

在加热过程中，将各种食材再混合一次能够更入味。

食材（2人份）

莲藕…中间段1节（约200g）

A
| 醋…3大勺
| 白砂糖…1大勺
| 盐…1/3小勺
| 姜片…1片

做法

1 莲藕的皮用锡纸擦去后，切成薄的圆片。

2 在耐热容器内加入调料**A**，充分搅拌融合后加入**1**中的莲藕，再搅拌（**a**）。

3 用保鲜膜封好容器后，放入微波炉里，600W加热2分钟。然后取出容器，再将所有食材搅拌一次，用保鲜膜封好后加热2分钟即可。

a

小贴士

切成薄片后的莲藕不要洗，直接加入调味料，充分搅拌后能够更入味。由于这道菜的主味是醋，因此莲藕的切口处不会变色，做出来的藕仍是白色的。

牛蒡要用水清洗来去涩

涩味也是一种味道，涩味其实代表了这种蔬菜特别的味道和风味。想要做出好吃的料理，就得努力不让这种特质消失，所以准备食材的阶段就十分重要。这里的小技巧就是"在盆里用少量的水来清洗"，而且只洗一次。这样不仅能保持牛蒡本身独特的味道，而且还能够保证具有抗氧化作用的绿原酸等营养元素不流失。

其中更重要的一点，是用锡纸刮的时候，用的力度只要能够将牛蒡上沾的泥土刮掉即可，不要连牛蒡皮一起刮掉。牛蒡皮里含有钾、菊粉等营养元素，一起食用能够完整地摄取这些营养。用大量的水浸泡牛蒡来去涩的做法是错误的。按我的做法去做，牛蒡会更好吃。

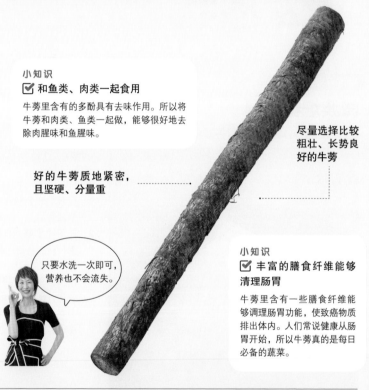

小知识

☑ 和鱼类、肉类一起食用

牛蒡里含有的多酚具有去味作用。所以将牛蒡和肉类、鱼类一起做，能够很好地去除肉腥味和鱼腥味。

好的牛蒡质地紧密，且坚硬、分量重

尽量选择比较粗壮、长势良好的牛蒡

只要水洗一次即可，营养也不会流失。

小知识

☑ 丰富的膳食纤维能够清理肠胃

牛蒡里含有一些膳食纤维能够调理肠胃功能，使致癌物质排出体内。人们常说健康从肠胃开始，所以牛蒡真是每日必备的蔬菜。

▶ 数据

最佳食用时间：每年10月至次年5月
主要营养成分：膳食纤维、钾、镁、锌、铜
保存方法：如果是超市里卖的已经洗净的袋装牛蒡，直接竖置于蔬菜储藏室内保存即可。如果牛蒡上还有污泥，不要去掉这些污泥，直接将其放在温度较低的阴暗处保存即可。如果把袋子打开，牛蒡就会蔫掉，所以一定要注意。

[牛蒡的品种]

•**新型牛蒡**

一般牛蒡都是秋冬季节收获的，不过这种新型牛蒡是秋天种植，初夏时节才收获的。吃起来比较软，口感较好。

❶ 在碗里装满水，然后放入牛蒡，用弄成圆球状的锡纸，轻轻擦拭牛蒡即可，注意不要刮掉太多皮，这样可以最大程度减少牛蒡营养的流失。

❷ 在碗里加入200mL左右的水，然后加入已经切好的牛蒡，快速清洗一下。洗一次即可。

❸ 取出牛蒡，用手将多余的水分挤掉，然后就可以入菜了。这样清洗好的牛蒡能够保持独特的风味，做出来的菜也更好吃。

如果用大量的水浸泡牛蒡直至牛蒡发白，牛蒡本身的美味和香气也就全都泡没了。所以清洗的时候不要加太多水。

新常识菜谱

金平牛蒡

真的是令人惊艳的料理。

食材（2人份）

牛蒡…约100g

醋…1小勺

A 酱油…2小勺
白砂糖…1大勺

干鲣鱼薄片…2g

辣椒粉…少许

芝麻油…1大勺

做法

1 用锡纸轻轻擦拭牛蒡皮，然后将牛蒡像削铅笔一样削成小薄片。在碗里加入200mL水，放入牛蒡清洗一次之后将水拧干。

2 在平底锅内加入芝麻油，油热后加入**1**中的牛蒡，加醋翻炒（**a**）。再加入调味料**A**，翻炒至入味。加入干鲣鱼薄片炒匀。装盘后撒上一点辣椒粉。

小贴士

炒牛蒡的时候加入一点醋有抗氧化效果，这样炒出来的牛蒡不会发黑。

做蘑菇饭时不要把蘑菇和饭一起煮

到了蘑菇当季的时候，大家一定都很想做蘑菇饭吧。一般的做法就是把蘑菇和饭一起煮，但其实这样的做法会让蘑菇的美味大打折扣！蘑菇本身是一种香味独特的菌类，一旦长时间加热，香气会变得不如调味料的味道明显。所以做蘑菇饭的时候一定要等饭煮好了再加入蘑菇。可以直接加生的蘑菇，或者先炒一下使其出味之后再加入。等饭煮好后把蘑菇放到热气腾腾的饭上蒸一下，蘑菇的香气和美味就会一下子扩散出来，饭也变得比原来醇香。

蘑菇包含的美味成分埋藏得很深，所以破坏掉蘑菇的细胞之后，美味会一下子释放出来。建议冷冻保存。

丛生口蘑
每个小蘑菇的伞状菌盖大小基本相同，紧紧地生长在一起。

灰树花菌
每一个小蘑菇的根部不是单独分离的。

小知识
☑ **不管哪种蘑菇都含有膳食纤维**

蘑菇的热量很低，含有丰富的膳食纤维，深受广大想减肥和美容的女性的喜爱。处理起来比较简单，做菜时耗时也短，这也是它深受欢迎的原因。

杏鲍菇
根部比较粗壮，伞状菌盖也比较大。

香菇
伞状菌盖的肉质比较厚实，并且向内侧卷曲。

小知识
☑ **鸟苷酸使料理更好吃**

蘑菇的美味成分中有一种叫鸟苷酸的物质，这种物质一经加热就会增多，所以加热后的蘑菇香气更盛，美味也成倍增长。但是加热时间不能太长。

▶ **数 据**（以丛生口蘑为例）

最佳食用时间：每年9月至11月（天然生长）　主要营养成分：维生素B_2、烟酸、膳食纤维、氨基酸
保存方法：将包装好的蘑菇，直接竖置于蔬菜储藏室内保存即可。如果没有一次用完，可将剩余的小蘑菇一个一个分开，放入保鲜袋里，然后冷冻保存。

蘑菇白饭

在电饭煲的保温状态下就能激发出丛生口蘑的美味！

食材（2人份）

白色丛生口蘑…1束

生姜…1片

温热的米饭…300g

盐…2/3小勺

黑芝麻…少许

做法

1　蘑菇的菌柄头切掉1cm左右，生姜切末。

2　盐加入处于保温状态的米饭中，将**1**中的食材铺展在米饭上，然后盖上盖子再蒸5分钟，这样就能够给蘑菇充分加热了。之后再将各种食材搅拌均匀后装碗，撒上黑芝麻即可。

蘑菇蒸饭

白米饭里充溢着蘑菇的味道。

食材（3人份）

米…2合

丛生口蘑…1束

鲜香菇…4个

A｜盐…1/4小勺
　｜酱油…2大勺

豌豆角…5个

芝麻油…1大勺

做法

1　将米淘洗干净后，倒入调味料**A**和水至对应刻度线，然后煮饭。

2　将丛生口蘑的菌柄头切掉，然后将小蘑菇一个一个散开，香菇切掉柄部后切丝。

3　在平底锅里倒入芝麻油，油热后加入**2**的蘑菇翻炒，直至将蘑菇中的水分炒干（**a**）。

3　待**1**的米饭煮好后立刻将**3**中炒好的蘑菇还有豌豆角铺在米饭上（**b**），盖上盖子再煮2～3分钟。然后将所有食材搅拌均匀装碗，再放上一点切丝的豌豆角点缀即可。

小贴士

将蘑菇的水分炒干，能够使蘑菇的美味成分被聚集起来（**a**）。

在饭煮好之后，立刻加入刚刚炒好的蘑菇。然后再蒸一下，能够使蘑菇的香味渗入米饭之中（**b**）。

煮豆芽只要30秒

豆芽是蔬菜里最便宜的，不管是凉拌菜、沙拉、炒菜都可以用，从经济角度来说，豆芽是很受欢迎的一种食材。不过也正因为我们经常做豆芽，所以有时候难以控制煮豆芽的火候与时间，容易失去嚼劲或夹生。也就是说，大部分人都不知道煮豆芽的标准。我经过试验之后发现，煮豆芽在水中30秒之后捞出是最好的！不仅嚼劲很足，味道也好，而且没有那种生腥味。不过煮好之后如果再过一次水，豆芽的味道就会变寡淡，所以直接晾凉即可。

豆芽的须根里含有丰富的维生素C和膳食纤维。如果把须根扔掉，其中的营养就会浪费。所以不要摘掉豆芽的须根，这样能简化做菜的工序，还能获得更多的营养。

小知识

☑ **吃豆芽也能减肥**

豆芽的热量很低，所以对想要减肥的人来说是可以安心食用的一种蔬菜。只要掌握了把豆芽煮好吃的技巧，就能在沙拉、凉拌菜等各种料理里享受豆芽的美味。

好的豆芽呈白色，十分爽口。

小知识

☑ **容易受伤的豆芽要保存在水里**

即便把豆芽放在蔬菜储藏室里保存，过2～3天豆芽就会蔫了，还会发黑。因为豆芽特别容易受到环境的影响而变质，要将豆芽完全浸泡在水里，然后密封好，放在比蔬菜储藏室温度更低的冷藏室里保存。

要选袋子里没有水滴的豆芽

▶ **数 据**

最佳食用时间：一整年

主要营养成分：钾、膳食纤维、天冬氨酸（黄豆芽）

保存方法：将袋装的豆芽直接放在冷藏室里保存，尽快食用。如果用不完，要将豆芽泡在水里，然后置于冷藏室内保存。

[豆芽的种类]

• 黄豆芽

黄豆的嫩芽，嚼劲更好。有其独特的风味，蛋白质含量丰富。

 ×  ○  ×

煮 1 分钟
豆芽头的部分开始变黑，而且豆芽味道已经被破坏了，十分寡淡。豆芽里面的营养和维生素C也都已流失。

煮 30 秒
看起来就很爽口，嚼劲很足，生豆芽的特殊味道已经消失了，口感清爽。

煮 10 秒
煮出来的豆芽还很硬，带有生豆芽的味道。虽然说营养保存得还不错，但是味道不佳。

新常识菜谱

梅干腌豆芽

酸味 × 爽口嚼劲，凉拌菜的高级口感。

> 豆芽的特征是爽口有嚼劲，所以绝对不能煮过了。

食材（2人份）
豆芽…约200g
梅干…2个
干鲣鱼薄片…2g
芝麻油…少许

做法

1 在锅内倒入水，待水沸腾后加入豆芽，煮30秒之后捞出。稍微晾凉后用手将水分挤干。

2 去掉梅干的核，用菜刀拍软，然后切成细末。最后在**1**的豆芽里加入干鲣鱼薄片、芝麻油、梅干拌一下即可。

小贴士
豆芽嚼劲取决于只煮了30秒这一步骤。如果煮完之后过凉水，会让豆芽的味道变得寡淡，所以煮好之后直接晾凉是这道菜好吃的秘诀。

菜花要连菜叶一起吃

如果把菜花的大叶子都扔掉，基本相当于扔掉了半个菜花。

菜花叶经过加热后，能够产生甜味，有点像圆白菜。而且菜花叶里含有大量的维生素C，具有预防感冒、缓解疲劳、抗癌等多种功效，有益身体。拿菜花叶做沙拉或炒菜味道也很好。把本来会扔掉的一半菜花利用起来，经济上来说也更节省。

我们一般说做菜花，都是指煮一下菜花的花蕾部分，但其实菜花也可以生吃，富有嚼劲，还带有些许甜味，而且比起煮过的菜花，生吃能够更好地摄取其中的维生素C，所以试着用菜花做沙拉吃吃看吧。

小知识

☑ **维生素C能够提高免疫力**

菜花里的维生素C含量和柠檬差不多，除了可以提高免疫力之外，还能够抑制黑色素生成，具有美白效果，同时还可以舒缓压力，预防癌症。

好的菜花叶片水灵而新鲜

菜花应该选择花蕾部分紧紧团在一起的

新鲜的菜花整体色泽偏白，花蕾部分紧紧团在一起且高高隆起。还有一个重要的判断标准是，把菜花拿起来掂一掂，应该有很明显的重量感。

好的菜花茎部切口处应该没有空洞

▶ **数据**

最佳食用时间：每年11月至次年3月

主要营养成分：维生素C、钾、蛋白质、膳食纤维

保存方法：放入保鲜袋内，然后放在蔬菜储藏室里保存。

[菜花的种类]

• **罗马花椰菜**

这是一种产于意大利罗马地区的黄绿色蔬菜，形似埃及金字塔，十分好看。有甜味，风味和口感都很好。

一棵 600g 重的菜花居然有 300g 茎叶！

一般来说，菜花的废弃率达到 50%。花蕾部分和茎叶部分的重量基本各占一半，所以如果把茎叶扔掉，基本就等于扔掉了半个菜花。其实菜花叶里含有的维生素C比花蕾部分还多，所以从现在开始不要扔掉叶片部分，整个菜花一起食用，让自己变得更健康吧。

花蕾部分…300g　茎叶部分…300g

芝士蒸菜花

将菜花茎叶一起蒸，好好享受其中的甘甜滋味吧。

食材（2人份）

菜花…1/2棵（约200g）

菜花茎叶…约100g

水…2大勺

盐…略多于1/3小勺

芝士粉…适量

做法

1 菜花切小块，茎切成一口大小，叶片切大块。

2 在锅内加入切好的菜花、茎叶和适量水（**a**），然后加入盐、1½大勺芝士粉（**b**），盖上盖子后用小火蒸10分钟。中途再加入1大勺水，边加边煮，直到水快烧干为止。

3 装盘后再撒上适量的芝士粉。

小贴士

蒸菜花的时候不要用大量的水，只用2大勺左右的水去蒸。等水快烧干的时候再加1大勺，一边加水，一边加热（**a**）。

将芝士粉一起加热，能使芝士和菜花的味道结合得更好（**b**）。

山药就应该连皮一起吃

山药的皮很涩，所以一般人们都觉得吃山药当然应该把皮削了再吃。不过山药皮中黏黏糊糊的成分，能够促进蛋白质的消化吸收。除此之外，山药皮还含有丰富的膳食纤维，所以连皮一起吃山药绝对是应该遵守的铁律。它能够丰富山药的味道，带有淡淡的香气，非常美味。从做法上来说，不管是烤还是炸都可以。

小知识

☑ **用燃气灶将山药皮上的须根烧掉**

虽然我说山药应该连皮一起吃，但是山药皮上的那些须根非常硬，所以可以开中火，把山药放在火上，一边旋转，一边将这些须根烧掉。这些须根沾火就着，所以烧根须的要点在于动作快。

好的山药切口处应该十分干燥

应选择整体比较粗壮的山药

小知识

☑ **唯一能生吃的薯类**

山药的主要成分是淀粉，要想消化淀粉必须加热后食用，但是由于山药同时含有一种能够帮助淀粉消化的淀粉酶，所以山药是可以生吃的。将山药连皮捣成泥状，就可以将其中的营养更好地摄取到身体里了。

▶ **数据**

最佳食用时间：每年10月至次年3月　　主要营养成分：淀粉、B族维生素、维生素C、钾、膳食纤维
保存方法：用厨房专用纸巾将山药包好，放入保鲜袋内，然后放在蔬菜储藏室里保存。如果是已经切好的山药，要在切口处也包上纸巾，然后用皮筋扎好。

新常识菜谱

山药猪肉卷

不需要将山药完全烧熟。嚼劲绝佳。

食材（2人份）

山药…约10cm（200g）
猪肉薄片…200g
盐和胡椒…各少许

A 　酱油…1½大勺
　　白砂糖…1大勺
　　水…2大勺

色拉油…少许

做法

1　山药的须根烧掉之后，清洗干净。切成5cm长的块状，再纵向切成1cm厚的小块。

2　猪肉用盐和胡椒拌匀后，卷上山药。在平底锅内倒入色拉油，油热后将猪肉卷放入锅内，煎至两面都变色。将锅里的油倒掉之后，倒入调味料A，加热至沸腾，变浓稠后，将猪肉卷蘸一遍调味汁，装盘。

生姜经加热或冷冻后效果加倍

生姜具有暖身的作用。这是因为生姜中有一种叫作姜辣素的成分，这种物质经加热后就会变成姜油酮，从而让身体从里面变得暖和起来。这个效果大概可以持续3小时，能够促进脂肪的燃烧。这种效果在温度达到80℃的时候最为显著。所以在做生姜的时候要特别注意温度的控制。另外生姜细胞特别容易被破坏，所以将生姜冷冻处理也是个不错的办法。直接将冷冻的生姜磨成姜末即可，生姜的口味和其中的酵素都能很好地保存。

好的生姜皮和切口处都发白

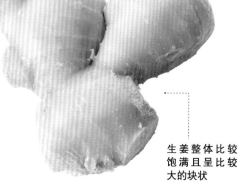

小知识

☑ **姜辣素变成姜油酮**

生的生姜里含有的姜辣素经加热后就成为了姜油酮，除了能够温暖身体之外，还可以增强免疫力，抗氧化，解毒。不过如果加热温度超过100℃，这种效果就大打折扣了，所以一定要注意控制火候。

生姜整体比较饱满且呈比较大的块状

直接将冷冻的生姜磨成姜末

处理提前冷冻好的生姜时的要点就在于，不要解冻生姜，直接将其磨成姜末。从冷冻室里拿出来立刻处理，不仅更容易操作，而且生姜的香气也特别显著。通过提前冷冻，将其风味和酵素都锁定在生姜里，这样就能更好地品尝到生姜的美味。用完后把剩下的生姜冷冻起来，就能延长保质期。

小知识

☑ **能够温暖身体的姜汤**

刚开始有点感冒的时候，把姜末和蜂蜜一起用热水熬一会儿再喝，就能够使身体变得特别暖和。当然最好还是用生姜和大葱的组合，温暖身体的功效会更好。

▶ **数据**

最佳食用时间：每年6月至8月
主要营养成分：钾、姜辣素、姜油酮
保存方法：将表皮清洗干净后沥干水，放入保鲜袋内，然后放在冷藏室里保存。

[生姜的种类]

• **嫩姜**

这是一种初夏时节上市，水分比较充足的品种。生姜里的筋较少，辣味也比较温和。而且与茎叶连接的切口处呈鲜艳的红色。因特别适合用来腌渍糖醋姜而出名。

竹笋根本不需要过水焯

竹笋有着独特的香气和嚼劲，被充满光泽的笋皮包裹着，显得胖乎乎的，被称为迎春蔬菜。<u>竹笋特别新鲜，完全没有任何苦涩的口感，甚至还有一丝丝甜味，因此竹笋并不需要过水焯一下再做。</u>

如何才能买到好吃的竹笋呢？秘诀就是观察竹笋顶部抽穗的地方。新鲜的竹笋笋尖较白且笋皮也发白，这种新鲜的竹笋生吃最好吃。色白证明它一直被埋在地下，不受光照，所以这种竹笋吃起来比较柔软。

不管是生吃，还是稍微烧一会儿再吃，竹笋都拥有其独特的美味。将竹笋和饭一起煮，或是做粗拌凉拌菜都是不错的选择，能够充分感受到当季的美味。

竹笋比较重

好的竹笋皮呈淡黄色，且具有光泽

小知识

☑ **许许多多的美味成分**

竹笋里含有谷氨酸、天冬氨酸、络氨酸等多种氨基酸，这些氨基酸正是竹笋鲜美的关键。仅仅简单将竹笋烤一下也很好吃，这也是这些氨基酸的功劳。

小知识

☑ **低热量的健康蔬菜**

虽然人们普遍认为竹笋的营养价值不高，但是竹笋里含有丰富的膳食纤维，对于缓解便秘有不错的效果。而且竹笋的热量很低，所以很适合作为减肥食品。竹笋最好吃也是最有营养的部分是其顶部抽穗的地方，竹笋正是从这里不断延伸生长的。

如果竹笋很新鲜的话，是不会有苦涩的味道的！

▶ **数据**

最佳食用时间：每年4月至5月
主要营养成分：矿物质、络氨酸、谷氨酸、天冬氨酸、膳食纤维
保存方法：买来竹笋之后立马煮一下。如果一次没吃完，把剩下的竹笋浸泡在水里，放在蔬菜储藏室内保存。尽快食用。

抽穗处发白

抽穗处呈深绿色

根据竹笋抽穗处来选择竹笋

挑选竹笋的重点只有一个，就是其抽穗的地方，观察这里我们就能找到好吃的竹笋。最前端的抽穗处发白，且笋皮也发白的竹笋就会很软，而且因为其全被埋在土里，没有任何苦涩的口感，可以直接生吃。相反，如果抽穗处呈深绿色，看起来充满生机的那种竹笋，因为日照，会比较坚硬，苦涩的味道也较重，必须煮过之后食用。

新常识菜谱

香煎笋片

做成天妇罗或者煮嫩笋也很美味！

食材（2人份）

竹笋…中等大小1根

柚子胡椒…适量

酱油…适量

橄榄油…1大勺

做法

1 竹笋去皮，柔软的笋尖部分纵向对切开。剩余的部分切成1cm厚的圆片（**a**）。

2 在平底锅里倒入橄榄油，油热后将**1**中的笋片码在锅里（**b**），用中火将两面都煎至焦黄色，然后蘸柚子胡椒或酱油食用。

小贴士

去皮之后的竹笋，笋尖部分非常柔软，所以我们将其切成大块来食用。而笋根处则比较坚硬，所以将其切成圆的薄片，其余部分切成1cm左右厚的圆片即可（**a**）。

最好用橄榄油将竹笋两面煎成好看的颜色。在享受美味的同时还能闻到竹笋的香气（**b**）。

西蓝花就应该生吃

西蓝花含有大量的维生素C，含量是圆白菜的3倍！能够防止黄褐斑和雀斑等色素沉淀，是一种非常受女性喜爱的蔬菜。

不过煮过的西蓝花功效会大打折扣。西蓝花也是一种可以生吃的蔬菜，而且茎的部分甜甜的，让我们将西蓝花的新鲜美味和营养价值全都吃进身体里吧！

西蓝花里还含有能够保护皮肤和黏膜的维生素A，它和维生素C相辅相成，美容养颜效果更好。把西蓝花做成沙拉，然后淋上沙拉酱吃，还可以同时摄取油脂，所以对于预防衰老也有一定的效果。

好的西蓝花花蕾呈绿色，且充满水分

花蕾呈浓绿色，而且花蕾密集坚硬茂盛的西蓝花才是上好的。如果花蕾呈黄色，或者已经开花的西蓝花就不新鲜。

× 已经变黄的西蓝花　　○ 浓绿色的西蓝花

西蓝花的茎应该很有光泽

切口处应当呈好看的绿色，且没有虫洞等

小知识

☑ **西蓝花有助于预防贫血和糖尿病**

西蓝花其实是由圆白菜改良而来的蔬菜品种，含有丰富的叶红素和维生素C。维生素C的含量达到了圆白菜的3倍。因为西蓝花还可以预防一些由不良的生活习惯导致的疾病，所以一定要连着茎部全都吃下去，这点非常重要。只要把茎部周围的皮全都扒掉，就能看到水灵灵的西蓝花茎了，甜丝丝的，非常好吃。

▶ 数据

最佳食用时间：每年11月至次年3月
主要营养成分：叶红素、维生素C、钾、铁、萝卜硫素
保存方法：放入保鲜袋内，竖立置于蔬菜储藏室内保存。

[西蓝花的种类]

·芥兰
英文中又称stick senior。花茎部分比较长，花蕾比较分散，所以分瓣比较容易。味道和芦笋较接近。

人们一般都是把西蓝花分成小瓣之后放在流水下冲洗。但是这样容易洗不干净。应当将花蕾从与茎相连接的地方剪下，然后分成小瓣，浸入水中清洗，这样才能把其中的泥土和虫子洗掉。不过浸泡在水里，维生素C很容易流失，所以洗的时间不能太长，动作要迅速。

西蓝花里的维生素C含量特别丰富！

新常识菜谱

西蓝花苹果沙拉

生西蓝花的风味和甜味，清淡且令人回味。

食材（2人份）

西蓝花…中等大小1颗（约170g）

苹果…1/2个

A 蛋黄酱…2大勺
芥末粒…1小勺
橄榄油…1大勺
盐、胡椒…各少许

做法

1 将西蓝花的花茎切掉，然后将花蕾分成小瓣，之后切成小块。花茎部去皮后切薄片（**a**）。苹果直接带皮切成1cm厚的梳子形。

2 将调料**A**充分混合，加入**1**中的食材，拌匀。

小贴士

西蓝花花蕾的部分切成小块之后更容易入味。花茎部切薄片，而根部因为比较坚硬所以要将纤维切断，切成小圆片。

生吃也可以的蔬菜

西葫芦

西葫芦看起来很硬，吃起来却很柔软，略微带有一点甜味。虽然一般都是拿西葫芦来烤或者煮，但受热后西葫芦里丰富的维生素C和蛋白质分解酵素就会流失。所以生吃才能让西葫芦里的营养更易被身体吸收。西葫芦里丰富的蛋白质分解酵素还能够促进肉类和鱼类的消化吸收。

小知识

☑ **结果的茎蒂处也可以吃**

西葫芦的茎蒂处往往被我们随手扔掉了，但其实它包含着很多营养。所以把茎蒂部分也一起切下来吃吧。而且茎蒂处切下来特别像一朵花，可以成为整道菜的点睛之笔。

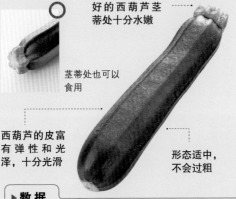

好的西葫芦茎蒂处十分水嫩

茎蒂处也可以食用

西葫芦的皮富有弹性和光泽，十分光滑

形态适中，不会过粗

小知识

☑ **低热量、味道温和的西葫芦**

西葫芦看起来有点像黄瓜，但它其实是南瓜的一种。味道比较清淡，带有淡淡的甜味，热量较低。

▶ **数据**

最佳食用时间：每年6月至8月
主要营养成分：叶红素、维生素C、钾
保存方法：放入保鲜袋内，竖立置于蔬菜储藏室内保存。

[西葫芦的种类]

· **黄西葫芦**
除了常见的绿色西葫芦之外，还有黄色外皮黄色种子的、深绿色外皮黑色种子的、浅黄色外皮绿色种子的等多种类型的西葫芦。这些西葫芦在口味和营养成分上差别不大。

新常识菜谱

西葫芦金枪鱼刺身

借助酵素使金枪鱼变软嫩。

食材（2人份）
西葫芦⋯1根
金枪鱼（刺身用）
　　⋯1块
盐、大粒黑胡椒⋯各少许
橄榄油⋯1大勺
柠檬、水芹⋯各适量

做法

1　西葫芦切成2mm左右厚的圆片，金枪鱼切薄片。

2　在盘子里用西葫芦将金枪鱼一片片隔开码好，撒上盐和大粒黑胡椒。

3　橄榄油转圈倒入盘中。然后放上柠檬和水芹。吃的时候将柠檬汁挤在刺身上。

冬瓜

冬瓜95%的成分都是水分，剩下的5%里含有钾、维生素C等。钾能够把体内过量摄取的盐分排出体外，具有很好的利尿功效。还可以缓解浮肿，预防高血压。而维生素C则有很好的美容养颜、延缓衰老的功效。这些功效都只有在生吃冬瓜的时候才能发挥出来，所以我建议大家把冬瓜做成沙拉或者凉拌菜。

小知识

☑ **虽然被称为冬瓜，却是夏季蔬菜**

虽然冬瓜看字面意思好像是冬天的蔬菜，实际上夏天才是冬瓜当季的时候。它是葫芦科的一种，皮比较厚，不削皮直接放在阴暗处就可以一直保存到冬天，所以才得名冬瓜。

冬瓜的表皮整体都有白色的粉状物

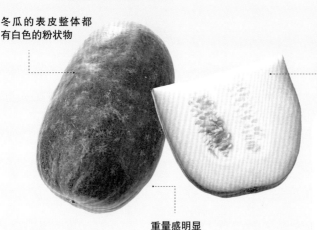

果肉很白，水分较足

小知识

☑ **水分充足，是夏天的必备食物**

冬瓜的含水量很高，所以对于热气腾腾的夏天来说，冬瓜可以去暑。对于在夏天容易苦夏、疲劳、食欲不振的人来说，就更应该多吃冬瓜这种低热量的蔬菜了。

重量感明显

▶ 数据

最佳食用时间：每年7月至9月　主要营养成分：钾、维生素C

保存方法：直接将整个冬瓜放在阴暗处就可以长期保存。如果是已经切开的冬瓜，放入保鲜袋内，竖置于蔬菜储藏室内保存。

新常识菜谱

醋腌冬瓜

只用醋和鱼粉紫菜就能入味！冬瓜的特殊味道也被隐藏起来了！

食材（2人份）

冬瓜…约200g

盐…1/3小勺

裙带菜（已泡发）…30g

醋…1小勺

鱼粉紫菜…1小勺

做法

1 削去冬瓜厚厚的外皮（**a**），去除种子后切薄片。撒上盐轻轻揉搓，直到水分析出后沥干水分。

2 在**1**做好的冬瓜里加入醋，按个人喜好加入鱼粉紫菜拌匀即可。

小贴士

冬瓜的外皮十分坚硬，所以要厚厚地削去一层。这样才能吃到软软的冬瓜。

玉米

玉米含有丰富的碳水化合物、蛋白质，可以有效补充能量，是一种十分优质的蔬菜。但是玉米里的营养元素很容易溶于水，所以最理想的吃法是生吃。一般超市里都会卖"早上刚采摘的"新鲜玉米，这种最好生吃。不过采摘超过24小时以上的玉米，营养和美味都会减半，正常热着吃即可。

小知识

☑ **直到顶端都颗粒饱满**

颗粒饱满且大，而且填充得满满的，这种玉米才好吃。果实排列整齐，且一直到顶端都颗粒饱满，也是玉米新鲜的重要表现。

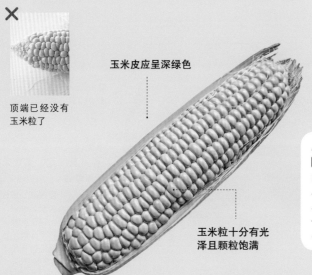

✕

顶端已经没有玉米粒了

玉米皮应呈深绿色

小知识

☑ **玉米须有缓解水肿的效果**

含有钾的玉米须能够缓解手足的水肿，还可以利尿。做成玉米茶，是相当好的养生食物。

玉米粒十分有光泽且颗粒饱满

▶ **数据**

最佳食用时间：每年6月至9月　　主要营养成分：糖分、膳食纤维、蛋白质、维生素B$_1$、维生素B$_2$、钾
保存方法：将生玉米粒剥下来，放入保鲜袋内，竖置于蔬菜储藏室内保存。

新常识菜谱

玉米沙拉

将肉馅用热水烫一下，就能做出清淡的沙拉。

食材（2人份）

玉米…1根
洋葱…1/3个（约20g）
混合肉馅…约100g

A
　盐…1/4小勺
　大粒黑胡椒…少许
　番茄酱…1大勺
　橄榄油…1大勺

做法

1 玉米切成4～5等份，然后将玉米粒剥下。洋葱切成末。

2 在锅里倒入水，加热至沸腾后关火，然后倒入肉馅。迅速搅拌一下，肉馅发白后迅速捞出，沥干水分。

3 将调料A充分混合后加入**1**和**2**中的食材，搅拌均匀即可。

沙蓬草

沙蓬草很容易被认为是一种海草，其实它是一种黄绿色蔬菜。没什么特别的味道，很有嚼劲，适合用来做成沙拉或者凉拌菜。

火腿、鸡胸肉、金枪鱼罐头、小杂鱼……无论是什么食材，都可搭配沙蓬草食用。沙蓬草里含有能够预防高血压的钾，能够促进骨骼强健的钙，还含有丰富的叶红素。

小知识

☑ 在沙滩边生长的沙蓬草

沙蓬草在日本日照比较好的沙滩边都有生长，不过现在市面上卖的沙蓬草几乎都是大棚里种植的。

叶前端很有光泽，且比较柔软

好的沙蓬草茎部比较粗壮

沙蓬草应呈浓绿色

沙蓬草很有嚼劲，叶红素含量也很丰富哦！

▶ 数据

最佳食用时间：一整年　主要营养成分：叶红素、钾、钙、镁
保存方法：放入保鲜袋内，竖置于蔬菜储藏室内保存。

新常识菜谱

凉拌沙蓬草

和酱汁搭配得很完美，口味比较清淡。

食材（2人份）

沙蓬草…1袋（80g）
鹿尾菜（干燥）…5g
火腿…3片

A
醋…1大勺
盐…少许
糖…1小撮
色拉油…2大勺

a

做法

1　将鹿尾菜用热水泡发10分钟，然后沥干水分。将沙蓬草用手碾碎（a），火腿切丝。

2　将调料**A**充分混合后，加入**1**中食材搅拌均匀即可。

小贴士

沙蓬草会有分叉的茎叶，在分叉处将其掐断，然后揉碎。比较长的可以先切短一点。

款冬

款冬和竹笋一样是"迎春菜"。虽然人们都说款冬吃起来很涩，但是造成这种苦涩香气的多酚具有抗氧化作用，能够去除可导致动脉硬化、癌症、过敏的活性酸。为了不浪费营养，我建议大家生吃。这样也可以减少很多处理款冬的工序。

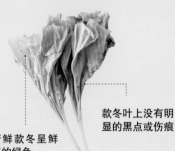

款冬叶上没有明显的黑点或伤痕

新鲜款冬呈鲜亮的绿色

太粗壮比较老的款冬不要选

不要买那种连着根的时候就已经弯折了的，也不要买那种太粗壮、都是筋的款冬。一般选择直径在 1.5～2cm 左右的，直直地延伸很长的款冬比较好。

叶子里也有很多营养，所以要好好利用！

▶ **数据**

最佳食用时间：每年3月至6月　　主要营养成分：叶红素、膳食纤维、钙、钾
保存方法：将叶子切掉，茎部用保鲜膜包好，放入保鲜袋内，竖置于蔬菜储藏室内保存。

新常识菜谱

款冬沙拉

特别脆的口感，水分充足的新鲜感。

食材（2人份）
款冬…150g
蟹棒…50g

A ｜ 蛋黄酱…3大勺
　　白芝麻…2小勺
　　盐、胡椒…各少许

做法

1 将款冬对半切开，去皮（**a**）后斜切成丝。稍微洗一下后沥干水分。将蟹棒拆散。

2 将调料 **A** 充分混合后，加入 **1** 中食材搅拌均匀即可。

小贴士

款冬不用煮也可以轻易地去皮。从切口处找到筋一样的东西顺着撕下来即可。

茼蒿多在吃火锅的时候食用，一般不会生吃。茼蒿中叶红素的含量比菠菜高，维生素和钙的含量也很丰富。不仅能提高免疫力，还能预防传染病，改善骨质疏松。所以请大家一定要试着生吃看看。比起熟的茼蒿，生茼蒿并没有什么特别的气味，而且很香，大家不久就会喜欢上生吃茼蒿了。

小知识

☑ **活用叶红素**

具有抗氧化作用的叶红素在体内可以转化为维生素A，和油脂以及蛋白质一起吃吸收率更高。做料理的时候可以放一些色拉油或芝麻油，或者是和肉一起做，营养吸收会更好。

选择茎部比较细的

茎部比较粗的茼蒿一般比较坚硬，细的会比较柔软一点，更加适合做菜。

粗茎　　　细茎

根部的切口还很新

茎比较短且柔软

▶ **数据**

最佳食用时间：每年11月至次年3月　　主要营养成分：叶红素、维生素B₂、维生素E、钙、铁
保存方法：放入保鲜袋内，竖置于蔬菜储藏室内保存。

新常识菜谱

油浸茼蒿

菜花和小松菜也可以这样做哦！

食材（方便操作的量）
茼蒿…1把（约200g）
盐…1/3小勺
橄榄油…适量

做法

1　将茼蒿叶子摘掉（**a**），然后和茎一起切成宽一点的条状。撒上盐之后轻轻揉搓，使其入味。

2　将**1**中的茼蒿沥干水分后装入瓶中保存。将橄榄油灌入瓶中没过茼蒿。置于冷藏室内可保存1个月左右。

小贴士

要先摘掉上面柔软的叶子，再把茎部连着根部的部分去除，然后将叶和茎全部切成宽一点的条状。

a

蔬菜就不应该煮着吃！

POINT

☑ 用较弱的中火蒸煮

蒸煮蔬菜的时候，要用较弱的中火慢慢煮，绝对不能用大火，要保持水温在60～70℃。这是最容易生成谷氨酸的温度区间，而谷氨酸则是美味料理的重要因素。

POINT

☑ 用微波炉加热更便捷

土豆之类的蔬菜放在微波炉里加热会更快，且维生素C等营养元素的流失也比较少。是一种很方便的方法。

蒸煮充分保留了蔬菜的甘甜，简直不能更赞了！用少量的水就可以做到！

芦笋 秋葵 胡萝卜 菠菜 圆白菜 | 适合蒸煮的蔬菜

芋头 红薯 土豆 南瓜 | 适合微波炉加热的蔬菜

在我们的常识中，煮蔬菜就是要用大量的水煮至沸腾。但这真的是必要的吗？这样做的确可以去涩，不能说是毫无意义的。但是蔬菜内的水溶性营养成分也会流失。为了尽量减少营养流失，应该用少量的水蒸煮。用2大勺水即可，盖上盖子后让蒸气蒸熟蔬菜。这样就可以最大限度地减少营养流失，蔬菜还会变得更美味。

而土豆、南瓜这类淀粉含量比较高的蔬菜，要想蒸熟需花很长的时间，所以不如用微波炉加热来得简单快捷。

第 2 章

关于肉类的新常识

你的常识可能都错了

今时不同往日的

美味与柔软

在肉里加一点白糖会更多汁

特价肉往往肉质很硬，一烤就卷缩起来，口感很柴，而让这种肉变得特别好吃的魔法调味料就是白糖。在处理肉的时候将白糖均匀地抹在肉上，静置十分钟左右，就能使肉变得多汁，而且还特别柔软！

这是因为白糖具有可以锁住水分的特质。白糖包裹住肉里的蛋白质后，就能够和水分结合，这样即使加热，肉里的肉汁也不会流失，而且还可以防止肉质变硬。抹在肉上的白糖不用水冲洗也几乎吃不出甜味。同时白糖还可以去除肉的腥味，可以说是一举两得。用白酒和红酒也有同样的效果哦！

白糖不仅仅只有甜味哦！

任何肉类都可以这样处理

猪肉、鸡肉、牛肉等各种肉都可以这样处理，而且和肉的厚度、部位也完全没有关系。不过如果是肉馅的话，因为已经打成糊状了，就没有必要再用白糖让肉质松软了。

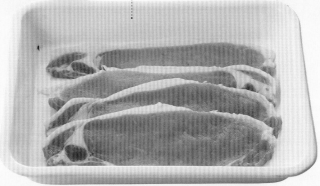

小知识
☑ **用普通的绵白糖**

最好用绵白糖，用白砂糖也行。黑糖因为有其独特的风味，细砂糖又不易溶化，所以不适合用来处理肉类。用蜂蜜或者糖水也可以。

白砂糖

❶ 将肉根据需要切成适口的大小。

❸ 用手轻轻地将白糖抹匀，静置10分钟。

❷ 在肉表面撒上白糖，用量大概是能在肉的表面轻轻地盖上一层即可。之后做菜的时候如果要加糖，就适量减少用量。

＼ 湿润 ／

❹ 白糖溶化后，肉表面变得湿润，看起来肉质就很松软。残留的白糖即使不冲洗也不会影响口味，这时候的肉可以直接用来做菜。

新常识菜谱

猪肉烧白菜

简简单单的咸味却能引出肉的美味。

食材（2人份）
猪里脊肉切片…100g
白糖…1小勺
白菜…300g
水…100mL
盐…1/2小勺

做法

1 肉片对半切开，撒上糖之后用手揉搓和匀。

2 白菜叶和白菜心分开，叶片部分切块，白菜心切成薄片。

3 在锅里加入适量水、盐和白菜心，水沸腾后依次加入白菜叶和猪肉，在锅内将其铺展开来。盖上锅盖，将火调至中火，煮15分钟即可（**a**）。

小贴士
将肉片放在白菜上蒸煮。这样肉的味道就能够渗透到菜里，更加美味。

能使肉质柔软的魔法食品

使肉质变软的方法有很多种，借助新鲜蔬菜里的酵素的力量，能轻松地使超市打折的肉质较差的肉变得松软。

酵素里的蛋白水解酶能够分解肉类、鱼类里的蛋白质，而脂酶能够分解脂肪。所以除了能使肉质变软，还能够减轻肠胃的负担。

在处理肉的时候，将磨成泥的洋葱或萝卜抹在肉上，或者将肉和西红柿、黄瓜等一起搭配食用，这些酵素含量较高的蔬菜，能使肉更健康、更好吃。使用这种方法的重点在于一定要用生的蔬菜。

小知识

☑ **加热就没有效果了**

酵素一定要生吃才能发挥作用，一旦加热超过70℃就没有效果了。所以用生的蔬菜是必须要遵守的黄金守则。

小知识

☑ **将蔬菜切得越碎越好**

蔬菜被切得越细碎，酵素分解力就越强。所以在处理肉类时，最好将蔬菜切丝或者直接磨成泥状。搭配着一起吃的话，蔬菜先做切丝等处理比较好。

芹菜　　　　白萝卜

[酵素含量较高的蔬菜]

下图的蔬菜包括含有蛋白质分解酶 "蛋白水解酶"、含有脂肪分解素 "脂酶" 以及含有两种酶的蔬菜。因为肉里含有脂肪，所以做菜的时候可以参考下图进行搭配。

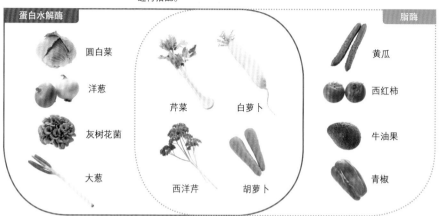

蛋白水解酶

圆白菜

洋葱

灰树花菌

大葱

芹菜　　　白萝卜

西洋芹　　　胡萝卜

脂酶

黄瓜

西红柿

牛油果

青椒

新常识菜谱

微波炉蒸鸡胸肉

令人震惊的多汁与松软肉质！

食材（2人份）
鸡胸肉…1块
白萝卜汁…2大勺
白萝卜泥…200g
盐和胡椒…各少许
酱油…适量
辣椒粉…少许

做法

1　鸡肉去皮后切成1cm左右的厚度，铺在耐热容器上。将白萝卜汁淋在肉上（**a**），抹匀并轻轻揉搓。

2　盐和胡椒撒在鸡肉表面，松松地覆上一层保鲜膜后放入微波炉，600W加热2分30秒。

3　装盘，在鸡块上放上一小坨白萝卜泥，倒上酱油，撒上辣椒粉即可。

小贴士

在肉上淋上白萝卜汁并轻轻揉搓，能够借助酵素使肉质松软（**a**）。然后覆上保鲜膜用微波炉加热。因为用的是蒸的做法，所以鸡肉内的水分保持得很好（**b**）。

a

b

冷冻肉应该用冰水解冻

大家有没有想过用冰水解冻冷冻肉？其实冰水解冻法能够在保证将肉解冻的同时肉汁不流失。用水温保持在0℃～1℃的冰水来解冻，肉和冷水温度相近，所以肉汁几乎不会流失。

肉汁会流失其实就是因为突然的温度变化。肉的表面和内部的温差越大，肉汁流失得就越多。所以自然解冻法和微波炉解冻法都会流失大量的肉汁。除水分外，肉的营养和美味也会随之流失，因而肉也就不可能松软好吃。用冰水解冻法解冻2小时后，肉就能够达到适合料理的最佳状态。

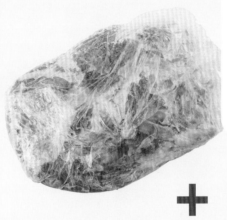

小知识

☑ 冷冻时候的要点

使肉汁减少流失的另一个方法是急速冷冻。如果将肉完全冷冻耗时过长的话，由于肉的细胞受损也会导致肉汁流失。所以我们可以把肉放在热传导率比较高的金属容器内冷冻。这样可以缩短冷冻时间。

冰水

用冰水来解冻就可以减少肉汁流失哦！

小知识

☑ 冰水比空气的热传导率更高

水的热传导率是空气的20倍。所以比起将肉放在同样温度的冷藏室里自然解冻，冰水解冻要更快。

⭕ 冰水解冻

肉从冷冻室里拿出来后立马放入冰水中。将肉放入保鲜袋内，然后放入足量的冰水中，使其不要浮起来。

▼

约2个小时后，肉的中间部位还未解冻，但周围的肉已经非常柔软了，也没有任何肉汁流出来。肉的膨胀度也很好，非常新鲜。

❌ 微波炉解冻

将肉从冷冻室里拿出来后立马放入微波炉中。直接包着保鲜膜用200W加热2分钟左右，然后看一下肉的状态，如果不行可以再加热2分钟。

▼

虽然在短时间内就可以完成解冻，但是边上的肉已经发白，被加热熟了，可是中间的部分还没完全解冻着。肉的不同部位解冻的状态各不相同，而且肉汁也流失了不少，肉质太过紧实。

❌ 自然解冻

将肉从冷冻室里拿出来后立即置于室温下解冻。室温是指21℃～22℃，直接以包着保鲜膜的状态解冻。

▼

约2个小时后，肉的中间部位还未解冻，但周围的肉已经很柔软了，达到了适合料理的最佳状态。但是打开袋子一看就会发现：天啊！居然流失了这么多的肉汁！

新常识菜谱

烤鸡腿肉

即使是冷冻肉也又香又脆！

食材（2人份）
鸡腿肉（冷冻）…1块（约300g）
盐…1/2小勺
胡椒…少许
柠檬…适量

做法

1 鸡肉用冰水解冻后，将骨头等剔除干净，撒上盐和胡椒。

2 加热平底锅，将**1**中的鸡肉带皮的那一面朝下放入锅中，锅中不需要倒油。在鸡肉上放上重物使鸡块保持平整，用中火煎5～6分钟，煎至皮微焦。

3 翻面煎，这时不需要在鸡肉上放重物。煎至颜色金黄后装盘，最后放上柠檬即可。

煎整块肉的时候应该注意肉的纤维

肉的纤维虽然不像蔬菜那么一目了然，但可以根据肉上那些延伸的长长的筋来分辨。虽然在肉片上已经看不出什么纤维了，不过大的肉块都是沿着纤维切下来的，所以能看到纵向的纤维。

煎整块肉的时候，我希望大家注意肉的纤维走向。因为肉汁会顺着纤维流出来，所以在煎肉的时候，堵住肉汁流出的出口就至关重要。这个出口就是指纤维的切口，也就是整块肉的两端（纤维面）。只要先煎两端，就能够将肉汁牢牢地锁在肉里面。这样做出来的肉既多汁又美味。吃的时候，将整块肉纵向切片，使纤维被切断，这样肉质会更柔软。

整块猪肉也可以用这个方法
除了用来做烤牛肉的大块牛肉之外，用来烤、煎、煮的大块猪肉也有着明显的纤维走向，所以也要先从纤维面开始煎。

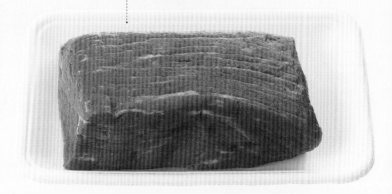

小知识
☑ **包在锡纸里冷却也很重要**
如果立刻切开刚刚做好的肉块，其中的肉汁就会流出来，所以将做好的肉块包在锡纸里，然后冷却30分钟左右。待肉汁冷却后再处理，能更好地保持肉的美味。

用这个方法能保持肉的美味多汁。

将肉竖立起来，先煎纤维面

纤维面指的是整块肉的两端。首先将肉块竖直放在锅里，然后将两端的纤维面用中火煎熟。再煎剩下的四面。

将肉横放，先煎表面

整块肉横放，先从四个面开始煎，最后再煎两端的纤维面。

（煎好的状态）

干且柴　多汁

先煎纤维面的肉块整体的水分保持得很好，锁住满满的肉汁。而先从表面开始煎的肉块则略显紧实，肉比较干。

（肉汁的流失）

多　少

从表面开始煎的肉块流失的肉汁更多，先煎纤维面的肉块几乎没有肉汁流失。煎的先后顺序不同，肉汁的流失程度也各不相同。

新常识菜谱

平底锅烤牛肉

和酵素含量丰富的红洋葱及鲜嫩的水芹菜一起吃！

食材（易于操作的分量）

大块牛腿肉…约400g
盐…1小勺
胡椒…少许
红洋葱和水芹菜…各适量
芥末粒…少许
色拉油…少许

做法

1　盐和胡椒撒在牛肉上，用手抹匀并轻轻搓揉。

2　在平底锅内倒入色拉油，用较大的中火热锅后，将肉块保持竖直状态煎1分钟。另一面再煎1分钟。然后将肉块横放，将剩余的四个面各煎1分钟。

3　盖上锅盖，用较弱的中火将四个面各蒸3分钟左右。然后用锡纸包好整块肉，静置至冷却，切片。

4　在盘子里装入**3**中做好的牛肉片和切丝的红洋葱及水芹菜，最后加入芥末粒即可。

给肝脏去血水要用冰水，5分钟以内即可

给肝脏去血水到底是用常温水，还是用牛奶？这两种方法都很常见，但都不是正确的方法。用这两种方法要么血水去得不干净，要么在去血水的同时会造成肝脏的营养流失。最正确的方法是用冰水。冰水不仅能够保持肝脏的新鲜度，而且能够更好地去除导致肝脏腥味的元凶——血水。

还有很重要的一点就是处理时间要在5分钟以内。如果时间过长，肝脏里的维生素就会溶于水，所以处理时绝对要遵守的准则就是将肝脏洗干净即可。洗的时候用手轻轻地晃动肝脏，会使其中的血水更容易流出。用这种方法处理好的肝脏不仅没有腥味，而且味道更好。

小知识
☑ 适合女性食用，铁含量丰富

肝脏里含有丰富的铁，维生素A、维生素B₂、维生素H和叶酸等，对缓解疲劳、美容养颜、预防过敏有很好的效果，其中铁还能够改善和预防贫血，而肝脏中铁的含量是所有食物中最高的。你是不是也想试试呢？

小知识
☑ 腥臭味道的元凶是血水

肝脏有一种腥臭的味道，所以很多人不喜欢吃肝脏。其实这种味道的元凶就是肝脏里的血水。只要用冰水就能将血水清除干净，做出来的菜特别美味，同时肝脏的营养也保留得很好。

就算是讨厌肝脏也要多吃点哦！它能够很好地补充体内的铁。

❶ 切肝脏
肝脏上的筋、脂肪等切除干净后，从中间切开，然后再分别切至原来厚度一半的大小。

❷ 用冰水清洗
在碗里装入冰水，放入肝脏去血水。轻轻搅动冰水，就能使肝脏里的血水受到震动流出。大概每洗2到3次要换一下水。

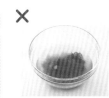

✕ 直接水洗
因为普通的水比冰水温度高，所以不能保证肝脏的新鲜度，而且肝脏里面的营养元素会随之流失，血水也难以清除干净。

✕ 用牛奶泡
牛奶中的钙能够吸附肝脏的腥味，而且营养的流失比用水洗要少，不过流失掉的部分还是很可惜。

新常识菜谱

韭菜炒鸡肝

完全没有腥味的鸡肝绝对能让你大快朵颐。

食材（2人份）
鸡肝…约200g
韭菜…1把
生姜…1片
A ┤酱油…1大勺
　　 │酒…1大勺
辣椒粉…少许
色拉油…1大勺

做法

1　鸡肝去血水后，沥干水分，切成适口的大小。然后和切成泥状的生姜混合搅匀。

2　平底锅内倒入色拉油，油热后加入**1**中的鸡肝，中火炒熟后加入调料**A**，之后再加入切成段的韭菜一起翻炒。最后装盘撒上辣椒粉即可。

小贴士
将去除血水的肝脏和生姜混合在一起，能够提升肝脏的口感。加入韭菜迅速翻炒，整道菜会更有嚼劲。

「拿出来再放进去」能使炸鸡肉质鲜嫩

很多人一周要做两次炸鸡，恐怕没有人不喜欢吃炸鸡吧。外脆里嫩的口感，一口下去鲜嫩多汁，让人欲罢不能。而做出好吃的炸鸡的诀窍，就在于炸的时候不断地将鸡块从油锅里拿出来再放进去。如果一直放在油锅里，炸到鸡肉熟透，鸡肉里的水分容易因为加热过度而流失，炸出来的鸡块就特别柴。不过，如果炸一分钟再将鸡块拿出来晾一分钟，这样重复三次，就能够在保持鸡肉熟透且内部松软的前提下，仅仅让鸡肉外层的纤维凝固，而且炸好后的鸡块的中心温度是70℃左右，是最美味的状态。这样就能做出多汁又好吃的鸡块啦！

带骨鸡块更好吃哦

一般做炸鸡块用的都是极具风味的鸡腿肉，不过脂肪较少的鸡胸肉口味比较淡薄，能做出比较清爽的炸鸡块。而翅尖和翅根因为有骨头，所以炸出来的鸡块更加美味。

小知识

☑ **健康易消化的鸡肉**

鸡肉含有很多优质蛋白质，人体各种必需氨基酸的含量也很均衡，所以很容易被消化吸收。比起其他肉类，鸡肉更健康且清淡。翅尖部位含有很多的胶原蛋白，能够保持肌肤水润。

『拿出来再放进去』的炸鸡方法

❶ 炸鸡块

将鸡块依次放入170℃的热油中，全部放入后不断搅动鸡肉，炸1分钟左右。

❷ 取出鸡块

迅速将鸡肉取出放在烧烤网架上，静置1分钟。

❸ 再次炸鸡块

再将鸡块放入170℃的热油中，不断搅动鸡肉炸1分钟，再将鸡肉取出静置1分钟。最后一次将鸡块放入180℃的热油中，将鸡块表面炸脆。

没有"拿出来再放进去"炸出来的鸡块

炸的时候肉汁流失，导致鸡肉特别紧实，干且柴。

 ✕  ◯

"拿出来再放进去"炸出来的鸡块

切开鸡块后会发现里面满满的肉汁，特别柔软。鸡肉蓬松度很好，非常好吃。

新常识菜谱

炸鸡块

不管是鸡腿肉还是鸡胸肉都很好吃！

食材（2人份）

鸡腿肉…1块（约300g）
鸡胸肉…1块（约300g）
生姜…1片
大葱的葱绿部分…约35g

A
酱油…2大勺
盐…1/2小勺
胡椒…少许
麻油…1小勺

淀粉…7大勺
小西红柿和生菜…各适量
炸鸡用油…适量

做法

1. 鸡肉切成稍大一点的块状，生姜切末，葱切段。

2. 在鸡肉上淋上调料 **A**、生姜和葱段，拌匀后腌制30分钟左右。然后挑出葱段，加入淀粉，让鸡肉均匀地裹上淀粉。

3. 在平底锅内倒入1cm高的炸鸡用油。加热至170℃后，倒入 **2** 中的鸡块。参照上述炸鸡方法炸至鸡块呈金黄色后取出。然后和小西红柿、生菜一起装盘即可。

用湿毛巾能使牛排更好吃

大家或许觉得在煎牛排煎到一半的时候冷却一下再煎是一件奇怪的事，一般都是一次性煎好的，所以这听起来的确是个匪夷所思的操作。不过大家也都有过这样的经历——好不容易想做道大餐，结果煎出来的牛排由于肉汁流失，又干又柴，一点也不美味。

牛排的美味就是因为肉汁，一加热肉里面的纤维就会萎缩，导致肉汁流出。但是如果在煎好牛排表面之后，将平底锅放到湿抹布上给锅降温，就能防止牛排内部温度过高，这样就能抑制纤维的萎缩，从而保留牛排的肉汁。最后，只要用小火慢慢提高温度，就能煎出颜色刚刚好的牛排了。

湿毛巾

牛排的不同部位

在超市里经常可以买到的用来做牛排的肉，包括牛里脊、菲力、西冷等，其中最适合做牛排的就是牛里脊肉了，肥瘦相间，有牛肉特别的口味。菲力的肉质最软，几乎没有脂肪和筋，口感较为清爽，是高级牛排的一种。西冷的肉质柔软程度仅次于菲力，入口即化的感觉实在是美妙极了。牛肉部位不同，口感也不一样，所以大家可以根据自己的喜好来选择。

小知识

✅ 美容和预防贫血

牛肉的蛋白质里含有很多无法在身体内合成的必要氨基酸，且含量均衡。还含有丰富的被誉为"美容维生素"的维生素B_2，能够保持肌肤和头发的光滑。牛肉里还有能够预防贫血的亚铁血红素、能够合成使人产生幸福感的荷尔蒙中的色氨酸以及对减肥大有裨益的肉毒碱。

牛排

食材（2人份）
牛排…2块
盐和胡椒…各少许
嫩菜叶…适量
芥末粒…少许
色拉油…1大勺

❶ 温度回升至室温
在做牛排前30分钟就要把牛排从冷藏室内拿出来静置，使其温度回升至室温状态。然后将盐和胡椒均匀撒在牛排上，盐的用量约为牛排重量的1/10。

❷ 煎牛排
在平底锅内倒入色拉油，用较大的中火加热，油热后迅速放入牛排煎40秒左右。这样牛排外层的蛋白质就会凝固。

❸ 翻面
将牛排翻个面，然后用较弱的中火煎5秒左右即可。

❹ 摆放湿抹布
迅速将整个平底锅放到湿抹布上静置。一直到锅中"刺刺"的声音消失为止。

❺ 用小火再煎一次
再把平底锅放到炉灶上，开小火慢慢提高温度，煎1分钟左右，可在牛排三分熟。大家可以根据自己的喜好控制煎的时间。

完成！
既多汁又柔软的牛排做好啦！肉汁保留得很好，而且牛肉特别好吃。装盘后再和新鲜蔬菜组合一下，加上芥末粒就是一道完美的大餐了。

牛排要慢慢煎，这样才会是令人惊艳的美味哦！

照烧鸡块的鸡肉根本不需要煎

照烧鸡块的常规做法是先把鸡肉煎至金黄色，再加入调料煮一下。但是这样做出来的鸡块往往肉质柴硬。尤其是鸡腿肉本身就比较厚，需要煎很久才能熟，这样鸡肉肯定会变硬。而且加入调料一起煮，鸡肉往往会缩水，做出来的鸡块甚至难以下咽。

这种情况有完美的解决方法！那就是不要煎直接煮。用沸腾的热水煮5分钟左右，鸡肉就会松软地膨胀开。煮开的水大约是90℃。然后只需将表面稍微煎一下，再加入调料煮至鸡肉上色即可。这样做出来的鸡块用筷子就可以轻易拨开，肉质特别柔软。这个方法在保证肉熟的同时，又不会使肉变得坚硬。也可以用于其他的肉类哦！

根据心情选择喜欢的肉

做照烧鸡块通常选择柔软且口感较好的鸡腿肉，不过也可以用脂肪比较少的鸡胸肉，这样既健康又清淡。因为鸡块特别容易加热，所以用来做便当再合适不过了。

不可以煎鸡肉！煮的鸡肉才会柔软。

小知识

☑ **用蒸鸡肉的鸡汤来做调汁**

蒸鸡肉得到的汤汁里包含了满满的鸡肉的美味，把它一起加到调料里使用，鸡块会更好吃。然后再加入一些生姜、胡萝卜、花椒等作料，就能使普通的照烧鸡块的味道变得特别起来，相信你的家人也会喜欢这种变化的。

煎鸡肉

将鸡肉带皮的一面煎至微焦，另一面也煎至金黄色。大约需要煎8分钟。因为之后还需要再煮，所以这时候鸡肉的中心部分还是生的。

✗ 卷缩的鸡肉

因为肉的纤维在高温下会收缩，所以鸡块变硬了。

煮鸡肉

用热水煮5分钟左右。中途要将鸡块翻个面慢慢地加热。

○ 蓬松的鸡肉

鸡肉整体比较蓬松，纤维也没有变硬，吃起来肉质松软。

新常识菜谱

照烧鸡块

清爽又健康！甜辣的酱汁令人回味无穷。

食材（2人份）

鸡腿肉…1块（约300g）

A
鸡汤…约1/2杯
酱油…2大勺
白糖…1大勺
生姜末…1片的量

洋葱…少许

做法

1　在锅内放入鸡肉和正好能没过鸡肉的水，开火至沸腾后用中火煮5分钟左右。中间要把鸡肉翻个面。

2　将鸡肉带皮的一面朝下放入平底锅内，不要倒油，用中火煎至微焦的状态。

3　倒入调料**A**，然后煮至收汁状态（**a**）。将鸡肉切成适口的大小，装盘，点缀切丝的洋葱即可。

小贴士

煮好的鸡肉要将带皮的一面煎至金黄色，煎出香味之后再加入调料烹煮。

好吃的日式汉堡要在肉馅里加冷水

如果自己用手去和肉馅，肉馅很容易粘在手上，如果把肉馅放在一边静置，肉馅又可能会整个垮掉。这是因为肉馅里的脂肪会熔解，而且熔解温度接近人体体温。所以用手和肉馅的时候，肉会被体温影响，伴随着脂肪的熔解，肉汁里的美味也会消失。

怎么样才能使肉馅的温度不上升呢？诀窍在于冷水。在肉馅里加入冷水就能够使肉馅不受周围温度的影响，一直保持低温的状态。加冷水的另一个好处在于易于锁住肉馅的水分，从而使做出来的汉堡鲜嫩多汁。

除此之外，我还有一个秘诀。当温度达到70℃以上时，肉里的纤维会因受热而收缩，肉汁会流出来，所以除了煎日式汉堡表面的时候可以用大火，其他任何时候都不要用大火烹饪。

混合肉馅是牛肉和猪肉

很多人好像都不知道混合肉馅是什么，其实是指猪肉馅和牛肉馅混合制作而成的肉馅，两者的比例大约是3:7。据说这种肉馅是专门为了做日式汉堡的，因为兼有猪肉和牛肉的美味，所以非常好吃。

> 加入冷水有意外收获！绝对是美味的终极秘诀。

小知识
☑ **也可以运用于其他的料理**

脂肪的熔点在30℃～40℃，为了在制作肉饼的过程中不达到这一温度，快速制作是重中之重。除了日式汉堡之外，做肉丸子、鸡肉饼、炸猪排、饺子等食物的时候，也可以利用冷水使肉馅更好吃。

冷水

不加冷水的日式汉堡
像平常一样不加冷水然后煎
汉堡，煎好的时候也流失了
大部分肉汁。

加冷水的日式汉堡
如图所示，肉汁几乎没有流
失，整个汉堡的形状也圆鼓
鼓的。

切开看一看……
切开刚做好的汉堡看一下，加了冷水
的那一个立刻就流出了肉汁，而且汉
堡里面还留有大量肉汁（图左）。而
没有加冷水的那一个，因为在煎的时
候肉汁基本已经流失，所以切开的时
候肉很柴（图右）。

新常识菜谱

日式汉堡

炸好的汉堡圆鼓鼓的，肉汁也特别多。

食材（2人份）
混合肉馅…200g
盐…1/2小勺
胡椒…少许
冷水…2大勺
打好的蛋液…1/2个鸡蛋的量
洋葱碎…1/2个洋葱的量
混合沙拉…适量
色拉油…1小勺

做法

1 碗里放入肉馅，撒上盐和胡椒，
   搅拌均匀。

2 加入冷水混合均匀（**a**），然后
   再加入蛋液混合均匀，最后加
   入洋葱末，用保鲜膜包好后放
   入冷藏室（**b**）。

3 将肉馅分成两等份，弄成圆形
   的肉饼，然后往平底锅内倒油，
   油热后放入肉饼，用大火煎至
   微焦后，迅速翻面再煎5秒钟。
   然后转小火，盖上锅盖稍微蒸
   一下。

4 待肉饼表面渗出透明的肉汁的
   时候就做好了。装盘后在边上
   放上混合沙拉点缀即可。

小贴士

将冷水加入肉馅之后一定要迅速将
两者混合均匀。肉馅在体温下也会
受影响，所以一定要特别注意（**a**）。
在煎之前，肉馅一定要放在冷藏室
里冷藏（**b**）。

烤肉应该用较弱的中火烤

用大火烤肉虽然的确可以称得上是一种乐趣，但是这样肉很容易烤焦，而且肉质会变得很坚硬。因为烤肉的肉片非常薄，并且已经提前用调料腌入味了，是非常容易烤焦的。

怎样才能用平底锅烤出好吃的肉呢？方法就是用较弱的中火烤。虽然有人说这样烤肉就不香了，但是这样烤出来的肉非常软嫩，不会卷缩。如果用大火快速加热，肉很容易卷缩，但是用略小一点的中火烤，肉就只有表面那一层经烤制而变硬，里面的肉汁则能够完美地保留住，所以一定要注意烤肉的火候！

各种口感的肉的组合

提起烤肉大家首先想到的一定是五花肉，带有一点肥肉的肋骨旁边的肉，具有其独特的味道，而且还非常柔软。里脊肉因为几乎没有脂肪，所以口感比较清淡，肉质也非常柔软。舌头部位的肉很有嚼劲，适合蘸盐或淋上柠檬汁吃。超市里还有卖牛、猪的腹肉和肋骨肉的，大家可以选择几种自己喜欢的肉，组合起来烤。

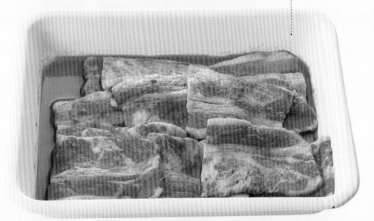

小知识

☑ **要等肉的温度回升至常温后再烤**

如果刚从冰箱里把肉拿出来就立即烤，烤出来的肉往往表面已经焦了，但里面还是生的。而且肉汁流失得也很多。所以在烤肉前大约30分钟就要把肉从冰箱里拿出来解冻。

不要再犹豫了！
用中火烤烤看吧！

✗

大火烤肉

如果用平底锅开大火烤牛肉，因为肉已经提前调过味了，所以特别容易烤焦。表面也浮有不少流出来的肉汁。

刚烤好的肉

▶ 肉迅速卷缩起来，看起来整体有点焦。肉汁流失较多。

○

较弱的中火烤肉

用平底锅将火开到中火偏小来烤牛肉，即便是已经提前调味的肉也不容易烤焦。整体蓬松度也比较好。

刚烤好的肉

▶ 肉没有卷缩起来，而且口感特别软，肉汁的流失也比较少。

新常识菜谱

烤肉

较弱的中火烤出令人惊艳的烤肉！

食材（2人份）

烤肉用牛五花…约200g
烤肉调料（市售）…2大勺
大葱…1/2根
胡萝卜…1/4根
西洋芹…少许
色拉油…1～2大勺

做法

1 牛肉切成合适的大小放到方盘子里，放入你喜欢的烤肉调料，混合均匀后腌制30分钟。

2 平底锅内倒入色拉油，用较弱的中火热锅后将**1**中的牛肉平铺在锅内。待牛肉边角处变色后翻面，稍微烤一下即可装盘。

3 在**2**中烤完肉的平底锅内放入切段的大葱和切成圆薄片的胡萝卜，稍微烤一会儿，然后和西洋芹一起装盘点缀即可。

小贴士

因为肉片很薄，所以受热特别快，为了不让肉烤焦，动作一定要迅速。

🐄 肉的冷冻保存方法

　　如果不是立刻就要用的肉，最好冷冻起来保存。将肉按每次使用的量分开保存，这样既容易解冻，使用起来也很方便。不锈钢容器的热传导率很高，能够达到快速冷冻的效果。因此一开始可以把肉放到不锈钢方盘内冷冻，然后再把肉放入保鲜袋内保存。这样不会太占地方。

 ▶▶

将肉馅分成各100g左右的大小，放到保鲜膜上，弄平整后用保鲜膜包好。然后放到不锈钢方盘内，置于冷冻室保存。

肉馅的保存

肉馅在所有肉类中最容易受环境的影响，所以一定要快速冷冻。

 ▶▶  ▶

肉片的保存

肉片不能直接叠加着冷冻。而是要用保鲜膜将每一片隔开，拿的时候可以一片片分开拿出来的状态才是最好的。

将保鲜膜切成长条状，在短的那一边放上一块肉片，然后将下面的保鲜膜向上掀起来盖住肉片向下翻折，接着再在保鲜膜上放上一块肉片，再重复翻折保鲜膜。这样不断地用保鲜膜将肉片隔开。

将保鲜膜两端向内翻折，将肉片包裹住，然后放到不锈钢方盘内，置于冷冻室保存。

 ▶▶  ▶

肉块的保存

不要切开直接保存也可以，将其和酵素含量丰富的蔬菜一起保存也是不错的方法。

直接将一整块肉用保鲜膜包住，然后放到不锈钢方盘内，置于冷冻室保存。

或者是将洋葱、圆白菜心、西洋芹等酵素含量比较丰富的蔬菜切丝后，放在肉块上，然后用保鲜膜一起包住冷冻。这样解冻的时候由于酵素的作用，肉质也会比较柔软。

第3章

关于鱼类的新常识

巧妙的料理准备

高超的做菜技巧

颠覆传统的全新美味

鱼腥味可以用不锈钢方盘去除

做鱼的时候，相信大家都很介意难闻的鱼腥味。难得做一次鱼，如果因腥味使料理失色，就太可惜了。这种难闻的味道其实是一种叫三甲胺的元素造成的，它是由鱼肉里鲜美的营养元素和细菌产生化学反应后形成的。

不锈钢能够轻松去除这种难闻的味道。不锈钢的离子能够和三甲胺产生化学反应，从而去除这种腥味。所以在做鱼之前，我们可以把鱼放在不锈钢方盘上，然后一起放到冷藏室内静置1小时左右。这样既能保持鱼的鲜美又能去除腥味。处理鱼的时候如果手上有腥味，只要把手在不锈钢盘子上放一会儿就能轻松去味哦。

小知识

☑ **扩大接触面**

将鱼放进不锈钢方盘的时候，要尽量选择比较宽的那一面接触盘子。然后盖上保鲜膜放入冰箱冷藏1小时左右。之后如果把鱼翻个面再放1小时的话，效果会更好。

把手放在水龙头上擦一下
你是不是也有腥味留在手上难以去除的时候呢？试着把手放到水龙头上轻轻擦拭。隐藏在肉眼难以看见的细纹里的、用水冲洗不掉的腥味，居然全都消失不见了！

虽然会稍微麻烦一点，但真的完全没有腥味哦！

黄油鲑鱼

丝毫没有鱼腥味，鲑鱼的美味被完美呈现出来。

食材（2人份）
鲑鱼…2块（约160g）
盐…略多于1/4小勺
大粒黑胡椒…少许
面粉…适量
橄榄油…1大勺
新鲜嫩叶和橄榄…各适量

做法
1 鲑鱼皮的那一面向上放入不锈钢方盘内，然后放入冷藏室静置1小时左右。撒上盐和胡椒后，裹上薄薄的一层面粉。
2 平底锅内倒入橄榄油，油热后，将1中的鱼肉鱼皮一面朝下放入锅中。鱼皮变色后翻面，煎至微焦即可。装盘后加入新鲜嫩叶和橄榄。

食材（2人份）
鲷鱼…2块（约200g）
新鲜香草*…适量
盐…1/3小勺
胡椒…少许
橄榄油…3大勺
细叶芹和小西红柿…各适量
*叶芹、意大利香芹、西洋芹、罗勒叶等，可选择自己喜欢的加入。

做法
1 鲷鱼放入不锈钢方盘内，然后放入冷藏室静置1小时左右。撒上盐和胡椒。
2 将各种香草切成末，均匀放在1中的鱼肉带皮的那一面。
3 在平底锅内倒入橄榄油，油热后，把放有香草的那一面朝下放入锅中。微焦之后翻面，在勺子里倒上油，一点点淋在鱼上（a），鱼身煎到微微膨胀即可。装盘后，加入切成1/4瓣的小西红柿和细叶芹等。

香煎鲷鱼

鱼块淋上热油，香气扑鼻。

小贴士
提前多热一点油，将热油淋在鱼身上的时候要注意不要把香草末冲掉。

脂肪多的鱼要冷水下锅，鱼身较软的鱼要热水下锅

煮鱼一般都要等水沸腾再把鱼放进去煮。但其实根据鱼种类的不同，有一些鱼是冷水下锅比较好。脂肪含量比较高的青花鱼、沙丁鱼、五条鰤等就是冷水下锅煮出来会更入味，更美味。鱼皮不容易脱落也是冷水下锅的一大好处。

而鱼身比较软的鲽鱼、鳕鱼等则适合热水下锅，先将表面煮熟，这样鱼肉不容易散。

有很多适合冷水下锅的鱼哦！

适合冷水下锅的鱼　**青花鱼、沙丁鱼、五条鰤、鲣鱼、大翅鲳、菖鲉等**

脂肪含量比较高的鱼适合冷水下锅，更加入味，鱼皮不容易脱落。

适合热水下锅的鱼　**鲽鱼、鳕鱼、鲷鱼、秋刀鱼、鲅鱼等**

鱼身比较软的鱼适合热水下锅，先将表面煮熟凝固，防止煮的过程中鱼肉散开。

煮鱼要控制在10分钟以内

煮出好吃的鱼的秘诀：无论如何都要用<u>较大的中火快煮</u>。如果煮的时间过长，鱼身会过于紧实，口感变硬，而且鱼肉里的明胶会溶于水，鱼的口感会很柴，不仅不好吃，鱼皮也干巴巴的，简直一无是处。

所以要做出恰到好处的美味煮鱼，一定要记住的就是：时间要控制在10分钟以内！

> 煮过了，鱼肉就会又干又柴，一点也不好吃。

○
用较大的中火快煮
用较大的中火煮了10分钟。整个鱼身膨胀度很好，味道也进去了。鱼皮也比较好看。

×
用小火慢慢煮
用小火煮了20分钟。鱼身变硬了，而且鱼肉也煮散了，色味全无。

新常识菜谱

炖煮鲽鱼

鱼里满满的美味！

食材（2人份）
鲽鱼…2块（约200g）
大葱…10cm

A
酱油和甜米酒
…各1大勺
水…1杯

a

小贴士
将厨房专用纸巾当作小锅盖，这样能够使鱼肉的上半部分也充分入味。整个煮的过程中始终保持较大的中火即可。

做法

1 在鲽鱼皮那一面用刀划几条口子，将大葱斜切成<u>丝</u>。

2 平底锅内倒入调料**A**煮开。然后将鱼皮那一面朝上放入锅中。用厨房专用纸巾当作小锅盖，然后用较大的中火煮5分钟（**a**）。

3 在锅内空余的地方放入大葱后再煮5分钟。然后装盘，如果还剩一点葱绿就拿来做点缀。

烤鱼最适合用烤鱼网架

做盐烤秋刀鱼，应该用烤鱼网架、烤箱还是平底锅呢？我推荐大家使用烤鱼网架。

在做烤鱼的时候，最理想的状态是使用接近炭火烧烤的"远距离高火"。用超过300℃的高温使鱼身的蛋白质凝固，然后热气逐渐渗透到鱼身内部，这样烤出来的鱼皮脆而不焦，肉鲜嫩多汁。而之前我们提到的三种工具里，和这种理想状态最接近的就是内部空间狭小、能够短时间达到高温的烤鱼网架。如果使用的是两面用的网架，连翻转的工序都省了，在短时间内就能做出一道漂亮的烤鱼。而且它还能让多余的油脂直接通过网架滴落，简直是又美味又健康，为什么不试试看呢？

尽快烤完就能尽早食用，是不是很开心呢？

小知识

☑ **不需要提前在鱼身上切口**

烤鱼不用提前在鱼身上划口子。因为划口子反而会让鱼的美味流失掉。如果是秋刀鱼，直接撒上盐用烤鱼网架烤一下即可。

[烤鱼方法大对比]

○ 用烤鱼网架烤

如果用烤鱼网架烤的话，只要用大火烤上8分钟，就能将鱼皮烤得脆脆的，鱼身膨胀良好，特别美味。只要把网架底下接油的盘子清洗干净，就不会残留什么味道了。

△ 用烤箱烤

烤箱设定到250℃，然后在烤盘上放上抹了油的锡纸，再把鱼放在锡纸上烤10分钟即可。因为并不是完全意义上的高温，所以烤制过程中鱼肉里的美味和水分都会流失。靠近热源的地方甚至容易烤煳，而且烤鱼的味道容易残留在烤箱内。

△ 用平底锅烤

用较大的中火烤5～6分钟，然后翻面再烤3～4分钟即可。但是烤出来的鱼很容易烤出焦掉的斑点，鱼皮也容易破碎。不仅鱼肉里的脂肪无法减少，厨房还容易变得烟雾缭绕。

新常识菜谱

盐烤秋刀鱼

用烤鱼网架烤不仅好吃，而且做起来很快。
在秋刀鱼上撒上盐，然后放入烤鱼网架内，用大火烤8分钟即可。装盘后可以根据个人喜好加上萝卜泥、柠檬、酱油等调味。

生鱼片放到第二天更好吃

大家一定都认为生鱼片的重点就在于新鲜吧。但其实刚刚钓上来的鱼并不美味。鱼肉里的肌苷酸会随着时间的延长而增加，所以放置一段时间的生鱼片反而会更有嚼劲、更美味。虽然金枪鱼这种经过冷冻再加工的鱼并非如此，但是近海鱼类，特别是鲷鱼、比目鱼这种白身鱼，绝对是放到第二天会更好吃！

小知识

☑ 味道和口感都不一样了

虽然新鲜的鱼的确是嚼劲特别足，但却不是那么好吃，放到第二天再吃，虽然口感上会有点软，但是因为肌苷酸的增加，反而更好吃了。

[适合钓上来之后第二天再吃的鱼]

近海鱼类，且不需要冷冻保存的鱼大部分都是第二天再吃会更好吃的！

- ●鲷鱼
- ●比目鱼
- ●鲣鱼
- ●鲹鱼
- ●沙丁鱼
......

第二天再吃，肌苷酸反而更多哦！

炸鱼前应处理干净

超市里卖的那种已经处理干净的鱼不仅可以用来烤，用来炸也是不错的选择。炸鱼用处理干净的鱼更好，因为炸这种烹饪方式本身就会把食材里的水分分离出来，所以用那种水分较少的鱼来炸，既不会油花四溅，耗时还短。鲹鱼、青花鱼这些品种自不必说，就连使用超市卖的盐渍鲑鱼肉，也可以省下很多准备时间。

小知识

☑ **用来做便当很方便**

除了鲹鱼、青花鱼之外，盐渍鲑鱼和柳叶鱼等适合用来炸的鱼。因为水分少，所以炸鱼耗时短。在忙碌的早晨，拿这些鱼来做便当简直再合适不过了。

这样不会油花四溅哦！赶快试试吧！

新常识菜谱

干炸鱼

不需要提前准备，耗时短！

食材（4～5人份）
干青花鱼…1/2块
干鲹鱼…1块
盐渍鲑鱼…1块
柳叶鱼…5条
面粉、打好的蛋液、面包屑…各适量
炸鱼用油…适量

做法

1　各种鱼切成适口的大小，然后依次裹上面粉、蛋液、面包屑。

2　油热至中等温度，加入1中做好的鱼肉，炸至金黄色捞出即可（**a**）。

小贴士

外面包裹的部分炸至金黄色就可以捞出了。很多人因为煎炸时会油花四溅，所以不喜欢做炸的东西，针对这些人，我强烈推荐这道菜。

用白萝卜去除鱼鳞

应该如何处理鱼鳞呢？鱼鳞不仅会影响鱼的口感，还可能藏有细菌，所以绝对要清除。我想大家一般是用菜刀或者是专用的工具来清除鱼鳞，但其实用白萝卜去鱼鳞十分便捷！而且就用平常切下来不要的萝卜的尾端部分即可。白萝卜里的酵素能够分解蛋白质，能替我们解决鱼鳞的问题，而且在酵素的作用下，鱼肉会变得更软嫩，也是意外的收获，而且这样去鱼鳞还不会损伤鱼肉。

去鱼鳞再也不需要什么特殊的工具了！

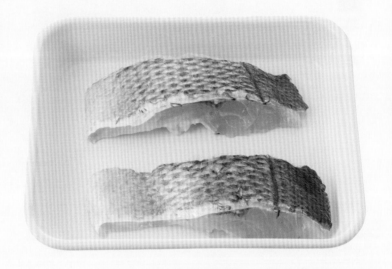

[去鱼鳞的方法]

把白萝卜的切口处对着鱼鳞，一点点向下捋，就能刮掉鱼鳞了。如果鱼肉本身不容易染上其他颜色的话，用胡萝卜也有同样的效果。

既不会损伤鱼肉，又能干净地去除鱼鳞。不需要专业的工具，而且适用于任何种类的鱼。

用盐剥掉乌贼皮

乌贼皮滑溜溜的，特别不好去除，但有一种重要的调味料可以轻松搞定，就是大粒粗盐。粗盐容易附着在乌贼表面，处理时使去皮更容易。而且盐本身就可以食用，用水冲洗即可，也不会产生新的废物，特别方便。用这种方法就可以轻松去除嚼不动的乌贼皮了。

小知识

☑ 乌贼含有对肝脏有益的牛磺酸

乌贼的热量很低，而且含有丰富的优质蛋白。牛磺酸不仅是乌贼美味的重要来源，还能够改善肝功能，预防各种由于不良的生活习惯引起的疾病。

[乌贼的去皮方法]

将粗盐均匀抹在整个乌贼上，剥掉乌贼鳍的部分，然后在乌贼肉和皮的中间部分用盐轻轻摩擦，一直延伸到乌贼足部。

然后就像图中所示那样一下子撕开整张乌贼皮，如果不小心中途撕破了，就在缺口处继续用粗盐轻轻摩擦，然后再像之前那样一下子撕开。

既有趣又实用的去皮方法！

青花鱼应该先用糖入味

青花鱼的脂肪含量比较高，嚼劲十足，是很受大众欢迎的一种鱼。不管是煮还是煎都很美味，如果大家买了新鲜的青花鱼回来，应该最想做醋腌青花鱼吧！醋腌青花鱼一般是用盐和醋一起腌渍，不过如果撒上糖，鱼的膨胀度会更好，味道也会更加浓郁。

这是因为盐和糖的渗透压是不一样的。如果先用糖将鱼身内的水分分离出来，盐分就更容易渗透进去。腌出来的鱼不会残留甜味，味道刚刚好。按照糖→盐→醋的顺序各腌渍1小时，就能做出美味的醋腌青花鱼啦！

青花鱼很容易腐坏

新鲜的青花鱼背部花纹清晰且颜色较深，断面处色泽鲜亮。由于青花鱼是很容易腐坏的鱼，所以买来之后一定要尽早食用。

小知识
☑ DHA、EPA 含量丰富

青花鱼的脂肪里含有丰富的不饱和脂肪酸DHA和EPA，对于活化脑细胞、延缓衰老、净化血管都有不错的效果。而且其中的牛磺酸还能够保护肝脏。

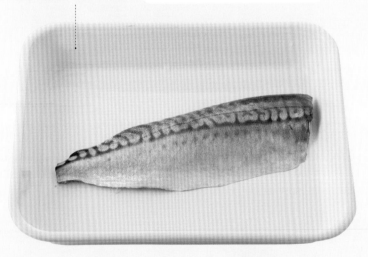

小知识
☑ 严格遵守糖→盐的顺序

比起糖，盐的分子结构更小，所以先用糖腌一下，更方便后期调味，如果顺序反了，就很容易把鱼腌得又咸又硬，所以一定要注意顺序。

直接用盐腌
图中我撒了青花鱼重量3%
左右的盐，腌渍1小时。

先用糖腌
半条青花鱼大约需要用2大
勺糖。撒满整个鱼身，腌渍
1小时。

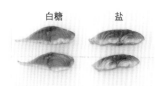

图左是按照糖→盐→醋的顺序各腌
制1小时的鱼，图右是直接撒盐然
后用醋腌的鱼。很明显，先用糖腌
的鱼比较饱满，盐和醋的量也控制
得比较好。

白糖不是只有让
食物变甜这一个
作用哦！

新常识菜谱

醋腌青花鱼

能够品尝到最本真的青花鱼的美味。

食材（2人份）
青花鱼（3块）…约150g（约半条）
糖…2大勺
盐…1小勺
醋…适量
小块裙带菜和芥末…各适量

做法

1　糖均匀地撒满整个鱼身，盖上
保鲜膜后在冷藏室内静置1小
时。

2　用水将鱼肉洗干净，沥干水后
撒上盐，同样盖上保鲜膜，放
在冷藏室内静置1小时。

3　再用水将鱼肉冲洗干净，沥干
水后装入保鲜袋内，然后倒入
醋至刚好没过鱼身的状态。封
口之后将袋子放入冷藏室内静
置1小时（a）。剥去鱼皮（b），
切成适口的大小，将干裙带菜
用水浸泡开，和鱼一起装盘，
挤上芥末即可。

小贴士
如果用保鲜袋的话，腌的时候就不太占地方，用一点点醋就可以
腌好整块鱼（a）。剥鱼皮的时候从鱼头那一段的边角处开始，用
指尖挑起一点鱼皮，然后向鱼尾方向一点点慢慢剥落即可（b）。

冷冻蚬贝的营养价值高达原来的 8 倍

蚬贝经常被用来做味噌汤或者是其他汤汁，其特征是特别鲜，非常美味，其中还含有鸟氨酸、牛磺酸等能够提高肝脏机能的营养元素。在宿醉的第二天早上，有很多人都会选择喝一碗蚬贝味噌汤。

不过大家知道蚬贝经过冷冻之后，其美味程度和营养价值都会成倍增加吗？虽然我还不清楚到底是什么原理，不过有实验证明，冷冻之后，蚬贝里的鸟氨酸含量居然达到了原来的8倍！而且能让蚬贝更鲜美的琥珀酸的含量也增加了，所以将蚬贝冷冻真的是有价值的新常识！

保存蚬贝当然是要放在冷冻室

将蚬贝的泥沙清理干净后，根据用途分好，然后冷冻保存。大概可以放置1到2个月都不会变质，使用的时候只要从冷冻室里拿出来即可。

小知识
☑ **营养丰富的蚬贝**

除了鸟氨酸、牛磺酸等氨基酸之外，蚬贝里还含有丰富的维生素B_2、维生素B_{12}，这些都能够强化肝功能。蚬贝里还含有大量对孕妇很有益的叶酸。

居然可以达到原来营养的8倍！快冷冻试试看吧！

❶ 用水浸泡
蚬贝充分冲洗后放入盘子里，倒入至少能没过蚬贝的水，要使蚬贝没有堆叠地沉在水底。

❸ 静置 4 小时
在常温下静置4小时，然后将蚬贝捞出，沥干水分。

❷ 加盐
每100mL水加1撮盐（浓度约为0.5%），比起纯水，淡盐水更能够刺激蚬贝吐出泥沙。

❹ 放入冷冻室
根据每次的用量将蚬贝分开装入保鲜袋内，放入冷冻室保存。

新常识菜谱

蚬贝豆腐味噌汤

好吸收的美味汤汁！

食材（2人份）
冷冻蚬贝…约100g
嫩豆腐…1/6块
味噌…1½大勺
葱花…少许

做法
1 锅里放入冷冻蚬贝和300mL的水（**a**），煮开。
2 蚬贝开口后倒入豆腐和味噌。待味噌彻底溶化后即可。汤盛入碗中后加葱花。

a

小贴士
冷冻蚬贝不需要解冻，直接蒸煮即可。

冷冻海鲜要用盐水解冻

在冰箱里储存超市里卖的袋装冷冻海鲜的确很方便，不过要立刻使用这些海鲜烹饪的话，大家要么直接放进微波炉解冻，要么用水浸泡来解冻。

其实正确的解冻方法应该是：用盐水浸泡。如果用微波炉加热或用水浸泡，海鲜里的水分和营养都会流失，而且海鲜本身会卷缩起来，一点都不好吃了。如果用和海水浓度相似的盐水来解冻的话，由于渗透压，能锁住海鲜的水分和美味，再慢慢解冻，海鲜就不会卷缩。

冷冻海鲜可以放 2 ～ 3 个月

冷冻海鲜的优点在于随取随用。但即使一直都冷冻保存，如果放置时间超过 2 ～ 3 个月，冷冻海鲜就会不新鲜。所以买回来之后还是尽快食用比较好。不能把已解冻的海鲜二次冷冻。

用和海水差不多浓度的盐水来解冻是最好的！

小知识

☑ **能够从低热量海鲜中轻松摄取高蛋白**

一般的冷冻海鲜里会有虾、乌贼还有蛤蜊等。当你想要增加料理的种类，或是想摄取更多蛋白质，冷冻海鲜都是你的不二选择。

✕ 用纯水解冻	○ 用浓度 3% 的盐水解冻	✕ 用微波炉解冻

10 分钟后 ▼	10 分钟后 ▼	用 300W 加热 2 分～2 分 30 秒 ▼

虽然比盐水的解冻速度快，但是营养会流失，海鲜也变得没有弹性。	温度和渗透压的变化比较平稳，所以渗出物很少，海鲜也充满弹性。	由于温度的急剧变化，营养严重流失，且海鲜都卷缩起来了。

新常识菜谱

海鲜大阪烧

满满的海鲜，充足的分量感。

小贴士

面糊稍微醒一会儿，能够去掉面粉的生味。加入各种馅料后，搅拌片刻，这样做出来的饼膨胀度会比较好。

食材（2块）

冷冻海鲜…约100g

圆白菜…150g

葱丝…4cm长的大葱的量

鸡蛋…2个

A
面粉…约100g
山药泥…约30g
水…100mL
盐…少许

色拉油…1大勺

猪排酱、蛋黄酱、海苔、干鲣鱼薄片、红姜…各适量

做法

1　冷冻海鲜泡在浓度3%的盐水里，解冻10分钟左右。圆白菜切成7mm见方的块状。将调料**A**的所有原料混合均匀后，放在冷藏室内静置30分钟。

2　在**1**中醒好的面糊**A**里加入圆白菜、海鲜、葱丝、鸡蛋，混合均匀（**a**）。

3　平底锅内放入1/2大勺色拉油，油热后，放入**2**中一半的量，用较弱的中火煎5～6分钟，然后翻面再煎5～6分钟，剩余部分也用同样方法煎。

4　装盘后，淋上猪排酱和蛋黄酱，撒上海苔、干鲣鱼薄片和红姜。

🐟 鱼的冷冻保存方法

鱼类请尽量当天买当天吃。不过如果冷冻得当的话，保存2周～1个月，也可以保持美味。

不要直接放在盘子里就扔到冷冻室！为了防止细胞被破坏，要像肉类（p82）一样，放置在热传导率高的不锈钢方盘内快速冷冻。

整条鱼的冷冻

整条鱼的冷冻一定要在做完所有处理之后再进行。做好前期处理后使用和鱼块一样的冷冻方法即可。

❶ 切下鱼头，取出鱼的内脏，刮去鱼腹部的鳞片。

❷ 由于内脏很容易被弄破，所以一定要迅速冲洗鱼身，将鱼身内残留的内脏掏干净。

❸ 用厨房专用纸巾擦干水分。这一步很重要，鱼腹里面也不要忘记擦。

❹ 和鱼块一样，用保鲜膜包好，然后放入不锈钢方盘，再一起放入冷冻室保存即可。

鱼块的冷冻

将表面的水分擦干净之后，为了尽量避免鱼和空气的接触，一块一块地用保鲜膜分开包好，然后放入不锈钢方盘，再一起放入冷冻室保存即可。

◎ 鱼的解冻… 将鱼放入塑料袋里，然后放入装满冰水的碗里浸泡解冻即可。

第4章

关于鸡蛋和半成品的新常识

稍微花点心思

就能升级美味，简化工序

普通的料理也能技惊四座

凉拌豆腐在和人体体温相近时最好吃

凉拌豆腐冰冰凉凉的，吃起来简直是人生一大享受，不过比起冰凉的豆腐，和人体体温相近时的豆腐才是最好吃的。

这是因为舌头能感知到美味的温度在35℃～70℃之间，所以吃凉拌豆腐前先把它从冷藏室里拿出来晾一会儿，差不多回升至常温状态时再吃，就能感受到大豆的香气在口腔内蔓延，特别美味。

还有就是在吃豆腐的时候，把它从盒子里拿出来装盘之前，要稍微过水冲一下。这样就能够冲走豆腐里残留的苦味，留下豆腐最本真的味道。

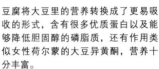

小知识

☑ **营养丰富的豆腐**

豆腐将大豆里的营养转换成了更易吸收的形式，含有很多优质蛋白以及能够降低胆固醇的磷脂质，还有作用类似女性荷尔蒙的大豆异黄酮，营养十分丰富。

能让豆腐更好吃的温度大约是人体体温。太冰的状态反而不美味哦！

Q 老豆腐和嫩豆腐的区别

在凝固剂的作用下使豆乳凝固，然后压上重物，沥干豆腐中的水分制作而成的是老豆腐。仅仅用凝固剂使豆乳凝固做出来的豆腐是嫩豆腐，嫩豆腐中的水分更多，所以吃起来更滑嫩，热量也比较低。

❶将豆腐盒里的水倒掉
首先将盒装豆腐打开，按压着豆腐将盒子中的水倒干净。

❷用水将豆腐洗干净
豆腐放入装满水的碗里，轻轻将豆腐表面洗干净，注意不要弄碎豆腐。

❸放入盐水中浸泡
在水里加入一点点盐，静置30分钟～1小时，使豆腐的温度回升至常温。

新常识菜谱

精品凉拌豆腐

在常温下食用，更能体会到豆腐本身的美味甘醇。

食材（2人份）
嫩豆腐…1块
大葱、干鲣鱼薄片、酱油…各适量

做法

1 豆腐用水洗干净后，在水里加入少许盐，静置30分钟～1小时，使豆腐的温度回升至常温。

2 豆腐对半切开，装入盘内，沥干水分（**a**）。将切成薄片状的大葱和干鲣鱼薄片放在豆腐上点缀，最后淋上酱油。

a

小贴士
豆腐的放置时间越长流失的水分越多。所以吃之前要把豆腐装到容器里稍微沥一下水，然后再端上桌。

油炸豆腐皮可以直接用厨房纸巾去油

油炸豆腐皮可以用来做味噌汤或者其他汤类，是一种十分重要的食材，但是用之前一般会用热水冲一下豆腐皮，把表面的油洗掉，这样不仅增加了碗碟清洗的工作量，而且十分麻烦。

其实去油这道工序只需要用2张厨房专用纸巾。将2张纸巾叠在一起，然后把豆腐皮卷在纸巾里，轻轻按压纸巾就能轻松去油。这样耗时短。如果下一步要煎豆腐皮的话，这种不沾水的去油方法更合适。

小知识

☑ 从豆腐皮中还可以摄取维生素 E

豆腐弄成薄薄的片状然后用油炸就做成了油炸豆腐皮。其营养价值和豆腐大致相同，不过由于豆腐皮是用植物油炸出来的，所以其中还含有丰富的维生素E。

用纸巾卷起来轻轻按压就可以去油哦！

Q 为什么要去油

豆腐皮炸完之后，随着时间的推移，表面的油氧化，会产生难闻的气味，所以要用"去油"这一工序去掉这些被氧化的油。去除多余的油脂也可以降低豆腐皮的热量。

小知识

☑ 根据地域的不同，叫法也不同

油炸豆腐皮又被称作"炸豆腐皮""稻荷豆腐皮""薄豆腐皮"等。薄薄的长方形豆腐皮是最常见的，不过也有地方的油炸豆腐皮是厚的，或者是三角形的。

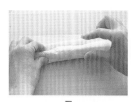

用纸巾包裹
2张厨房专用纸巾叠在一起，把油炸豆腐皮放在纸巾上，从一端开始卷起来。

▼

再将纸巾展开，就会如左图所示，多余的油脂已经完全被吸收到纸巾上了。

能吸收超多的油脂哦！

用水煮更能吸收油脂
如果是要做油炸豆腐寿司的豆腐皮，就必须用热水煮一下，才能将油脂去除得更干净。用热水煮2分钟，可以用筷子头把豆腐皮按压进水中浸泡，注意不要把豆腐皮弄破。

新常识菜谱

煮豆腐包

豆腐皮和豆腐的组合，享受大豆的双重营养！

小贴士
因为之后也是要把豆腐弄碎的，所以给豆腐沥水的时候可以使点劲。

做法（2人份）
油炸豆腐皮…2张
老豆腐…1/2块
葱花…4cm葱段的量
打散的蛋液…1/2个鸡蛋的量
干鲣鱼薄片…2g
A ┃ 水…200mL
　┃ 白糖、酱油…各1大勺
嫩豆角…6根
花椒嫩芽…少许

做法

1　豆腐皮裹在厨房专用纸巾里去油。之后将豆腐皮对半切开，像袋子一样打开放置。

2　豆腐在厨房专用纸巾里沥干水分（**a**）。然后将葱花、蛋液、干鲣鱼薄片放入豆腐中，一边打碎豆腐，一边将所有食材混合均匀。然后将其均等地放入**1**中切好的豆腐皮中，包好后用牙签封口。

3　锅内倒入调料**A**，煮开后放入**2**中的豆腐包。盖上锅盖用中火煮10分钟左右，再加入嫩豆角稍微煮一下即可出锅。装盘后再加上花椒嫩芽点缀。

煮鸡蛋应该用热水

人们总是说煮鸡蛋要用水煮多长多长时间，但实际上不管怎么控制时间，煮出来的鸡蛋好像每次都不太一样。这是因为锅的大小和水量会影响鸡蛋受热的程度，受热程度不一样，煮出来的蛋自然不一样。

如何才能万无一失做出成功的煮鸡蛋呢？我的建议是用热水煮，这样就可以准确计算鸡蛋开始受热的时间，也就可以根据各人喜好煮出自己喜欢的鸡蛋了，这个方法的重点在于，一是要保证鸡蛋已经恢复到了常温状态，二是煮好的鸡蛋要迅速放到冰水中降温。这样不管是全熟蛋还是半熟蛋，你一定能煮出自己喜欢的鸡蛋。

小知识

☑ 提高学习能力，预防老年痴呆

鸡蛋含有除维生素C和膳食纤维之外几乎所有的营养元素，营养相当丰富。鸡蛋含有的磷脂质，有补脑的作用。

用热水煮蛋绝对不会失败哦！

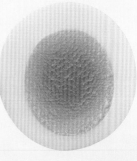

小知识

☑ 过期的蛋能否食用

鸡蛋上显示的保质期就是蛋可以放心生吃的截止日期。即便过了保质期，只要经过加热还是可以放心食用的，不过还是请尽快食用。

❶ 在锅内放入足量的热水（至少要没过鸡蛋），煮沸后加入1/4小勺盐。加盐可以防止蛋壳碎裂时蛋液外溢。

❷ 将恢复至室温状态的鸡蛋轻轻放入水中，根据下面的时间表计时。煮好后迅速用冰水降温。

煮 5 分钟

煮 7 ～ 8 分钟

煮 11 ～ 12 分钟

蛋黄还是糊状的溏心蛋

蛋黄的中间还有一些糊状的半熟蛋

全部熟透的全熟蛋

鸡蛋的大小和蛋壳颜色的不同

根据日本农林水产省规定的规格，鸡蛋由小到大分为 SS ～ LL。

不过不同大小的鸡蛋，仅仅是蛋清的量有差异，蛋黄的大小差别不大。做家常菜不需要区分不同鸡蛋的规格。通常人们都认为黄褐色的鸡蛋比较好，但其实只是因为鸡的品种不同才造成了蛋壳颜色的差异，从营养价值来说并没有区别。

46 ～ 52g

S

58 ～ 64g

M

64 ～ 70g

L

加一点点醋，蛋松更松软

蛋松特别适合用来做便当或者搭配米饭食用。为了做出松软的蛋松，一定要多备几双筷子，一边加热，一边不断地搅动蛋液。不过做蛋松的时候加入一点点一款特别常见的调味料，就能有意想不到的效果，只需微微搅动蛋液就能做出松软的蛋松！

这种神奇的调味料就是醋。醋酸可以激发鸡蛋里酵素的活性，不仅可以节省我们搅蛋液的力气，而且蛋松也能更加松软。同时，借助酸的力量，蛋松还不容易煳。除了醋以外，含有酸的番茄酱和沙拉酱也能起到相同的作用。

小知识

☑ 木制锅铲、塑料锅铲都可以

加了醋之后，蛋液就能自发地膨胀开，所以做蛋松的时候就不需要准备那么多的筷子了，不过为了去除水分，还是要偶尔搅动一下蛋液，用木制锅铲或者塑料锅铲都行。

醋的酸味不会留在蛋松里，所以放心使用吧。

小知识

☑ 分成小份做便当或冷冻

蛋松做好后也可以冷冻。将蛋松按每次吃的量分好，然后冷冻起来。这样忙碌的早晨需要做便当的时候就很方便了。

× 不加醋

○ 加醋

这是普通的制作方法，不加醋只加入糖和盐，然后用2根筷子不停搅拌，但是蛋松成形不好，且口感较硬。

每两个鸡蛋便要加入1小勺醋，这样鸡蛋的蛋白质就会被分解，从而使蛋松变得松软。

新常识菜谱

蛋松盖饭

微甜、松软，清爽可人的味道。

食材（2人份）

鸡蛋…2个

A | 糖…1大勺
番茄酱…1小勺
盐…少许

米饭…2小碗份

小青豆…3个

黑芝麻…少许

做法

1 小锅里打入鸡蛋，加入调料**A**混合均匀。

2 用较弱的中火，一边蒸发水分，一边不停地搅拌做出蛋松。

3 在碗里盛上米饭，把**2**中的蛋松盖在饭上。再将稍微煮了一下后对切开的青豆和黑芝麻放在蛋松上即可。

牛奶加醋，难舍难分

如果在牛奶里加上醋，牛奶里的蛋白质就会和醋发生反应，变成一块一块的固态物，把这些固态物加热再过滤之后，就能得到平常我们所说的干酪！这是利用了在酵素作用下蛋白质遇热会凝固这一原理制作而成的。如果先把醋加热煮沸后再加到牛奶里，其作用就会减弱，这样牛奶是不会凝固的。只要我们巧妙地运用这一原理，不仅能做出好吃的料理，还能迅速做出奶油酱等调料。

做酱汁的重点在于要先把醋煮到只剩原来一半的量，之后按照各人喜好调味即可。加糖后就能轻松地做出炼乳味的甜酱汁。

小知识

☑ 牛奶能补充钙

牛奶除了含有大量的优质蛋白之外，还可以补充日常生活中容易缺乏的钙。除了有助于强健骨骼和牙齿之外，还能给我们带来愉快的心情。

小知识

☑ 醋也对身体有益

醋可以帮助我们疏通血管，缓解疲劳，对健康十分有益。其中最引人注目的是，醋里面的氨基酸可以促进脂肪的燃烧，即使加热后仍可以发挥作用。

酵素的力量是不是很令人惊异？巧妙地利用它吧！

［做干酪］

❶ 先在锅里倒入1升牛奶，3～4大勺醋，然后加入少许盐，用70℃左右的小火加热。

❷ 待牛奶凝结为固态之后，用铺了一层厨房专用纸巾的漏勺捞出过滤。最后去除水分（能做出200～250g干酪）。

★过滤出的液体也很有营养，所以可以当饮料喝，或者拿来煮饭。

［做酱汁］

❶ 先在锅里加入2大勺醋，然后把醋煮到只剩原来一半的量。然后倒入在另外一个锅内煮好的200mL牛奶。

❷ 用中火一边搅拌，一边煮到自己喜欢的浓稠度，然后加入1小勺芥末粒、少许盐、大粒黑胡椒等。

▼

干酪配生火腿
在40g干酪里混合沥干水分的40g白萝卜泥，然后用4片生火腿包起来。再撒上粉色胡椒或黑胡椒，就可以做出一道完美的前菜。

▼

土豆饼配奶油芥末酱
简简单单的土豆饼上淋上酱汁。牛奶的美味搭配芥末粒恰到好处的酸味，整道菜清清爽爽。

干萝卜丝可以说是干货的代表，除了可以煮之外，还可以做成凉拌菜、沙拉，是一款十分重要的食材。不过在制作之前为了泡发干萝卜丝，你是不是经常用大量的温水来泡呢？其实根本不用这么麻烦！干萝卜丝只要用一点点水洗一下即可。如果用温水泡，反而会削弱它的美味，营养也会流失。

而且洗完萝卜丝的水里还会残留着它独特的味道，所以可以用这些水来煮东西，这样不会浪费。哪怕不用来煮汤，仅仅用来调味，也能有萝卜丝浓郁的味道。

干萝卜丝水洗即可

变色的干萝卜丝不能吃

未变色的干萝卜丝呈茶色，这种才是优质的干萝卜丝。如果放久了，干萝卜丝就会变成褐色，还会有异味。所以保存的时候要充分密封，放入冷藏室内。

 ✗

小知识
☑ **膳食纤维丰富**

干萝卜丝里含有能够帮助人体排出多余盐分的钾，人体容易摄取不足的钙，能够促进肠道蠕动的膳食纤维。

○

洗一下
20g干萝卜丝用200mL的水即可。

▼

揉搓着洗30下左右就差不多了，然后拧干水分切成适口的大小，准备工作就做完了。

✕

用温水浸泡
用足量的温水浸泡，干萝卜丝独有的风味和营养就会消失！

剩下的水也别倒掉！里面还留有干萝卜丝的味道和营养。

新常识菜谱

培根煮干萝卜丝

利用了洗干萝卜丝的水，风味浓厚。

食材（2人份）
干萝卜丝…20g
培根…2片
洋葱…1/2个
盐…1/3小勺
大粒黑胡椒…少许

做法

1 干萝卜丝用水冲洗一下后放入碗中，加入200mL水揉搓30下左右。拧干水分后切成适口的大小（洗萝卜丝的水也留着备用）。

2 洋葱切丝，培根切成细条状。

3 在锅里倒入干萝卜丝和洗萝卜丝的水（**a**），盖上锅盖煮沸后再煮5分钟左右（**b**）。待萝卜丝变成透明状之后，加入**2**中的食材和盐，一直煮到水干为止。装盘，撒上黑胡椒。

小贴士
因为已经有了洗萝卜丝剩下的水，所以就不需要其他的调味汤汁了（**a**）。调味只用少许盐即可。为了让本来就不多的汤汁尽早沸腾，盖上锅盖煮比较好（**b**）。

意面应该用 2.5 倍的水煮

我们通常认为意面应该用足量的热水煮熟后再进行后续料理。但如果要在锅里先煮面的话不仅花时间，还要多洗很多厨具，大家是不是觉得特别麻烦？

所以从一开始我们就可以用适量的水煮面。煮好之后也别把面汤倒掉，这样只需要一个平底锅就能做出好吃的意面了。煮面的水大概是意面重量的 2.5 倍即可。

只要记住这一点，就能缩短煮开水的时间，也不需要漏勺和锅，还可以少洗点厨具，简直是一举多得！煮的时候所用的盐按照最低标准放。大家一定要试试这个方法。

小知识
☑ 长还是短，按个人喜好来

意面有细面条等长款的面，也有通心粉或螺旋粉这种短款的面。根据这些面搭配不同的酱汁，会有不同的口感，大家可按个人喜好选择即可。

小知识
☑ 大脑的能量之源——葡萄糖

意面的主要成分是碳水化合物，它在人体内会转化成葡萄糖，从而成为人体活动的能量来源。大脑的能量只靠葡萄糖这一种元素，所以它对提高工作和学习的效率是非常有益的。

不要和味道较重的食物放在一起

意面的保存需要避开高温潮湿以及日光直射的地方。另外由于它很容易沾染上其他味道，所以不可以和味道较重的食物放在一起保存。

炭烧意面

用一个平底锅就能搞定！料理时间也会缩短。

食材（2人份）

意式长面条…160g

盐…1/4小勺

培根…2片

A 鸡蛋…2个
芝士粉、牛奶…各2大勺
大粒黑胡椒…1小勺

因为加了鸡蛋，所以一定要迅速从灶眼上挪下来！

1 在平底锅里倒入400mL水，烧开后加盐。然后把调料**A**都均匀搅拌并倒入锅中。

2 将意面对折，然后放入锅里，盖上锅盖煮5分钟左右。

3 将切成1cm左右宽的培根放入锅里。

4 将锅里的食材稍微搅拌均匀，然后盖上盖子，根据实际情况再煮一会儿。

5 因为火候不同，水分的蒸发状况也不同。如果还没煮够面条包装上所示的时间，水已经干了，可以再加1～2大勺的水。

6 煮够面条包装上所示的时间，恰好煮面的水也几乎干了。

7 加入调料**A**。

8 关火，把锅挪到湿抹布上。将所有食材搅拌均匀，再加入少许盐（分量外）调味，装盘，撒上大粒黑胡椒（分量外）即可。

干豆腐不用泡发也可以

豆腐冻过之后再脱水干燥就做成了干豆腐，又被称为冻豆腐，从古代开始就是日本餐桌上常见的干货食材。

以前人们都会把干豆腐放到热水里泡发，换好几次水后再沥干水分才拿来烹饪，但其实现在的干豆腐完全不需要这么复杂的处理工序。以前为了缩短泡发的时间，人们做干豆腐的时候会加入氨，为了去除氨的气味，所以泡的时候一定要用热水。但是现在伴随着科学技术的进步，做干豆腐的时候已经不再使用氨了，所以把干豆腐放在水里泡一下即可。

小知识

☑ **现在的主流是碳酸钙**

过去泡发干豆腐很费时间，为了缩短泡发时间，人们在做干豆腐的时候会使用氨。现在的主流方法是使用碳酸钙，所以只要用水泡一下即可。

快速用水泡一下就可以哦！

容易沾染别的味道

随着时间的流逝，豆腐里的脂肪氧化，就没有那么好吃了，所以干豆腐在半年内一定要吃完。平常为了不使其沾上别的食材的味道，要密封保存。

小知识

☑ **含有大豆里丰富的营养**

干豆腐的主要成分是优质蛋白，还含有丰富的具有强抗氧化作用的大豆皂苷以及大豆异黄酮，其中铁和钙的含量也很高。

干货需要用水泡发，很费时间，所以很多人都觉得麻烦。其实也有一些干货是不需要泡发就可以直接用的。食材本身就很纤细，且容易吸收水分，所以直接加上汤汁煮，或者和蔬菜一起炒就行了，它能自己吸收水分，菜也会变得美味。

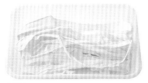

干瓢
将属于葫芦科的瓢子切成又细又长的长条，然后干燥制成的食材，膳食纤维丰富。

米粉
用大米制作而成的一种面食，可以和肉或蔬菜一起炒，或者做成汤粉食用。

干海带丝
将海带切成极细的丝状后制成的。除了可以炒、煮之外，做腌菜的时候也可以放一点。

新常识菜谱

快煮干豆腐

有好多甜甜的汤汁。

食材（2人份）
干豆腐…2块
丛生口蘑…1/2盒
款冬…2根（约90g）

A ┃ 水…300mL
　┃ 糖…1大勺
　┃ 酱油…1小勺
　┃ 盐…1/2小勺

做法

1　干豆腐用水浸泡20秒，然后将水分挤干，切成适口大小。款冬去皮后切成5cm左右的长条。

2　在锅内放入调料A，待盐和糖溶化后，加入豆腐（a），然后加入撕成瓣的丛生口蘑，煮沸后盖上盖子用小火煮5分钟左右。

3　加入款冬再煮2分钟左右即可。

小贴士
为了使味道均衡，一定要先将调味料煮化后再加入豆腐。因为豆腐很容易散，所以注意控制好火候与时间。

干香菇要放在冷藏室里泡发

大家知道如何正确泡发干香菇吗？为了能够利用泡香菇的水，有些人会用温水来泡，其实这是错误的。正确的做法是将香菇泡在水里，然后放在冷藏室内静置一晚。香菇里的美味成分——鸟苷酸在温度低的时候才能被充分激发出来。

虽然这样比较花时间，但是放在冷藏室里，放2～3天也没问题。还可以连泡香菇的水一起冷冻起来，所以可以一次性多泡一点备用。用的时候可以直接用微波炉解冻，煮菜时直接放进锅里煮，特别方便。

小知识
☑ 维生素 D 能促进骨骼健康
干香菇里含有丰富的维生素D，特别是用日照晒干的干香菇。

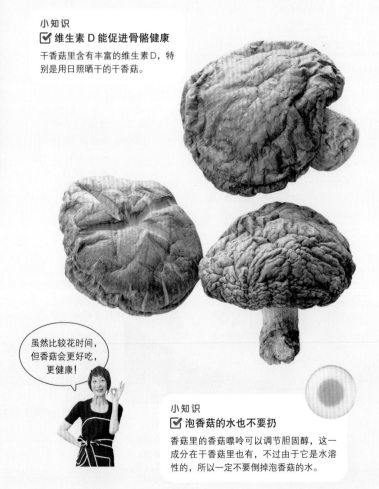

虽然比较花时间，但香菇会更好吃，更健康！

小知识
☑ 泡香菇的水也不要扔
香菇里的香菇嘌呤可以调节胆固醇，这一成分在干香菇里也有，不过由于它是水溶性的，所以一定不要倒掉泡香菇的水。

用温水

将4个干香菇用100mL（如果是做菜或煮汤的话可以多加一点）的温开水泡发，盖上一层保鲜膜直至香菇被泡软为止。

泡好的香菇没有香菇独特的味道，泡香菇的水也失去了味道。

放在冷藏室内

将4个干香菇用100mL（如果是做煮菜或汤的话可以多加一点）的水泡发，盖上一层保鲜膜后放入冷藏室静置一晚。

香菇的伞状物整个膨胀开，而且由于鸟苷酸被激发出来，香菇和泡香菇的水都很香。

新常识菜谱

香菇鸡肉汤

用香气十足的泡香菇的水来煮。

食材（2人份）
干香菇…2个
鸡胸肉…1/2块（约100g）
洋葱…1/4个
生姜末…1片生姜的量
盐…1/2勺
胡椒…少许

做法

1 在干香菇里加100mL水，放在冷藏室内静置一晚。

2 洋葱、鸡肉和泡发的香菇都切成1cm左右的小块。

3 泡香菇的水里再加入300mL水。将**2**中的食材和生姜一起放入锅里煮开。捞出浮沫后，用小火再煮10分钟左右，然后加入盐和胡椒调味即可。

淘米一定要快

米饭好不好吃其实是由淘米方法决定的，而我希望大家记住的是：淘米一定要快。

一旦在米里倒入水，米就开始吸收水分了。所以如果加水后，没有迅速把第一道水倒掉，米里本来带有的糠的味道就又被吸收进米里。因此无论现在的精米技术如何进步，淘米的第一道水一定要迅速倒掉。这样煮出来的饭即使凉掉或者冻起来之后再翻热，也会一如既往的好吃。

米饭美味与否就决定于淘米的方法，所以淘米一定要快。

小知识
☑ 1 分钟就可以吸收 10% 的水分

在米里倒入水之后，只要 1 分钟，大米就能吸收掉 10% 的水分。所以要迅速把淘米的第一道水倒掉，否则米糠的味道就会被吸收进米里。

尽量放在冷藏室里保存

大米放在冷藏室内保存能减慢其氧化的速度，这样大米能在相当长的时间里保持美味。在米里放一个尖辣椒，还能预防米虫。把米从袋子里倒到透明米箱里保存，用米的时候也会方便一些。

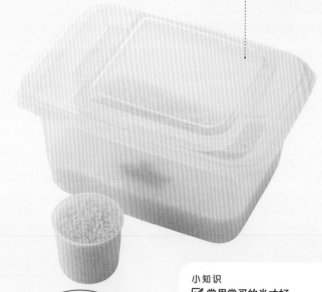

如果淘米的时候慢慢来，米糠味就会渗进大米里哦！

小知识
☑ 常用常买的米才好

米好不好吃也是由其新鲜度决定的。所以比起一下子买好多慢慢吃，还是一点点买那种刚进的新米，吃完再买新的比较好。这样就能一直吃到新鲜的大米。

❶加入2合米，加水。

❷迅速将第一道水过滤掉。如果这时候不紧不慢地淘米，米糠味就会渗进大米里。

❸两手来回揉搓大米大约30回，这样淘米是最不容易伤到大米的。

❹加水冲洗。

❺迅速用滤网将水倒掉。

❻将❹～❺的步骤重复3回，淘米完成。

充满光泽
松软可口

淘米水居然这么浑浊！要把米洗到这个程度才算干净。

调味醋不用提前混合好

做什锦寿司、紫菜包饭或者油炸豆腐皮寿司的时候都会用到醋饭。一般大家都会把饭煮得略微硬一点，然后提前调好调味醋，再把醋倒到饭里拌匀。但其实调味醋并不用提前拌好！

饭本来就是热的，倒进去的糖和盐会迅速熔化。如果一次性做大量醋饭是需要提前调好醋的，但平常做2条紫菜包饭，可以直接把所有调料倒进去。还有就是煮饭用的水量，不用特地减去醋里含有的那部分水分。只要不是煮得特别烂的饭，使用平常吃的米饭就可以。这样做醋饭会变得更简单。

小知识

☑ **醋的用量是饭的10%**

醋饭里醋的用量大约是饭的重量的10%即可。如果做2条紫菜包饭，用600g米饭的话，大约需要4大勺醋。这样就算只做一碗醋饭，也比较容易控制醋量。

小知识

☑ **调味醋的黄金比例是 10：3：1**

调味醋里的醋、糖、盐的比例，根据重量应该是10：3：1，如果用4大勺醋，那么应该差不多需要2大勺糖和1小勺盐。盐的量应该是饭的1%，记住了这一点，做起来也比较容易。

[醋饭的制作方法]

❶正常煮饭
即使做醋饭，煮饭的水还是按照正常的量放即可。

❷加入调料
把煮好的饭盛到碗里，然后加入醋、糖和盐。

❸混合搅拌
调料均匀混合到米饭里，不断地把米饭打散搅拌。

❹冷却
将米饭在碗里尽量摊开，冷却。

❺翻面
表面的热气散去后，将米饭翻面再次冷却。

紫菜包饭

这种大小的紫菜包饭不用竹帘也可以！

食材（2根份）

温热的米饭…600g

醋…4大勺

糖…2大勺

盐…1小勺

黄瓜…1/2根

腌萝卜干…50g

金枪鱼…150g

A 酱油…1大勺
甜米酒…1/2大勺

白芝麻…2大勺

海苔（对半切开）
…1整片

做法

1 米饭盛到大碗里，放入醋、糖、盐，迅速混合搅拌冷却。

2 金枪鱼切成2cm左右的厚度，把调料A混合开后静置10分钟。将海苔对半切开。将黄瓜、腌萝卜干按照海苔的宽度切成1cm左右厚。

3 在海苔上均匀放上1中的米饭。然后把2中的食材均匀码好，撒上芝麻。然后从身前开始卷起至另一端（a），然后切成适口的大小。

不用竹帘，也可以做紫菜包饭哦！

小贴士

如果用1/2片大小海苔来做包饭的话，手卷也可以。

罐头汁倒掉就可惜了

罐头汁一般都会被倒掉。其实罐头汁也很美味，含有丰富的营养，不用就太可惜了。特别是鲜美的蛤蜊罐头、蘑菇罐头、芦笋罐头和培根罐头，用它们的罐头汁来煮汤简直太好吃了！金枪鱼罐头和鳀鱼罐头里的油除了美味以外，还含有大量的DHA和EPA，让我们把罐头汁都巧妙地利用起来吧！

小知识

☑ 罐头汁也可以单独保存

如果吃罐头的那一天不打算用罐头汁，把罐头汁倒出到密封容器内，放在冷藏室里，可以保存2～3天。如果冷冻起来的话，大概可以放1个月。难得有罐头汁，别浪费了哦！

鸡肉饭

用罐头汁来提升风味。

食材（3～4人份）

蘑菇罐头…1小罐
青豆罐头…1小罐
米…2合
鸡腿肉…1/2块
洋葱…1/2个
番茄酱…4大勺
盐…1小勺

做法

1. 鸡肉、洋葱切成1cm见方的小块。将罐头里面的食材和罐头汁分开。

2. 米淘干净后放入电饭煲内，然后加入番茄酱、盐和**1**中的罐头汁（**a**）。最后加入适量的水，混合搅拌开。

3. 将鸡肉、洋葱、蘑菇放在上面开始煮饭。煮好后再加入青豆搅拌均匀即可。

小贴士

加入了调料和罐头汁，只要注意煮饭的水量，然后像平常一样煮饭即可。

二道茶依然很美味

休息的时候，来杯绿茶真是令人心旷神怡。其实把煮过的茶再煮一遍也依然很香，里面还留有至少一半的谷氨酰胺和茶氨酸。

把二道茶拿来煮菜或者煮咖喱，就不用再加其他汤汁了，而且味道会跟普通的汤汁不一样，特别美味。

小知识

☑ **儿茶素能延缓衰老**

茶里苦涩味的来源是一种名叫儿茶素的成分，它具有很强的抗氧化作用，除了可以延缓衰老，还可以降低胆固醇，控制血压。

新常识菜谱

豆腐皮煮蘑菇

用茶汤代替其他汤汁。

食材（2人份）

油炸豆腐皮…1/2块

丛生口蘑…1/2盒

小松菜…100g

A
二道茶*…200mL
酱油、甜米酒…各1/2大勺
盐…1/3小勺

*用1勺茶叶（约5g）泡出来的茶。

做法

1. 油炸豆腐皮去油后切成一半厚度，然后再切丝。口蘑撕成小瓣。小松菜切成段。

2. 锅里倒入调料A、口蘑、豆腐皮，用中火煮开。放入小松菜，直至煮软。

小贴士

将泡过一遍的茶叶放到茶叶篓子里，然后倒开水。虽然是二道茶，还是残留有茶叶里一半以上的营养。

不经过研磨的芝麻营养吸收效果差

芝麻的营养价值很高，是每天都应该吃的食物之一。不过，因为芝麻的壳很硬，很难消化吸收，也就是说，如果要吃芝麻的话，应该研磨后再吃，这一点很重要。

如果直接买外面磨好的芝麻的确很方便，不过由于芝麻的主要成分是脂肪，非常容易氧化，还有如果放置时间过长，芝麻就不香了。所以最好在要用的时候买刚刚好的量回来。这样既保证了营养，又留住了香气。

小知识

☑ **芝麻具有强抗氧化作用**

芝麻里含有维生素E、芝麻素、芝麻素酚等，这些成分都有很强的抗氧化作用。同时对于预防由不良的生活习惯造成的各种疾病以及提高肝功能都有很大的帮助。

芝麻应保存在密封的阴暗低温处

保存芝麻的时候应尽量注意不要让其接触空气。最好是放在阴暗且温度较低的地方或者是冷藏室。

[如何轻松碾碎芝麻]

没有专用工具也没关系，把芝麻放在指尖处，然后轻轻捻压即可。这样就能把芝麻的表皮弄碎了。

Q 黑芝麻和白芝麻的区别

芝麻有黑的和白的两种，这是因为它们表皮的色素不一样。其风味和香气虽有不同，但营养价值差不多，所以根据不同的料理选择适合的品种即可。

用指尖捻就行了，是个是很简单呢？

芝麻粒
难以消化的坚硬表皮完全没有经过任何处理，所以身体几乎没有办法吸收其中的营养。

芝麻碎
已经将比较硬的芝麻表皮碾碎了，所以比起芝麻粒，更容易被消化吸收。

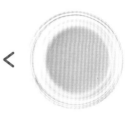

芝麻糊
把芝麻打成糊状就是芝麻糊。芝麻表皮已经被研磨得非常顺滑了，所以营养成分也更容易被吸收。

新常识菜谱

芝麻拌章鱼

在醋和味噌里加入芝麻，风味升级。

食材（2人份）
煮熟的章鱼须…50g
黄瓜…1根
盐…少许

A ┃ 白芝麻碎…1/2大勺
┃ 味噌…1/2大勺
┃ 糖、盐…各1小勺

做法

1 黄瓜切成小圆片，撒上盐拌匀，待黄瓜腌软之后沥干水分。章鱼须斜刀切片。将调料**A**拌匀（**a**）。

2 将**1**中的黄瓜、章鱼和调料**A**拌匀。

a

小贴士
先将芝麻、味噌、糖和醋一起搅拌均匀再拌菜的话，能够使菜入味更均匀。

干货的泡发倍数

使用干货的时候，如果能提前想一下干货泡发后大概会膨胀多少，就能够判断需要泡多少干货。这样既不会泡少了，也不会产生浪费，能帮助我们更好地利用各种干货食材。

 用大豆3倍量的水泡1晚 ▶▶

80g (1/2杯) 　大豆=约2倍　**160g**

 用400mL的水在冷藏室泡1晚 ▶▶

8g　海带=约7.5倍　**60g**

 用足量的热水煮2分钟左右 ▶▶

100g　素面=约3倍　**300g**

 用足量的水泡发 ▶▶

5g　干切裙带菜=约12倍　**60g**

用水里加入意面量1%的盐后煮9分钟左右 ▶▶

100g　意面（直径1.6mm）=约2.3倍　**230g**

 水洗后用足量的水泡7分钟左右 ▶▶

10g　盐腌裙带菜=约3倍　**30g**

 用足量的热水煮5分钟左右 ▶▶

100g　日式荞麦面=约2.3倍　**230g**

 用足量的热水泡5分钟左右 ▶▶

5g　鹿尾菜芽=约8倍　**40g**

 用热水煮1分钟左右，然后关火盖上盖子焖5分钟 ▶▶

50g　粉丝=约2倍　**100g**

 用100mL的水，覆上保鲜膜之后放在冷藏室泡1晚 ▶▶

20g　干香菇（4颗）=约3.5倍　**70g**

 正常煮饭即可 ▶▶

100g　精米=约2.1倍　**210g**

 用足量的水泡20分钟 ▶▶

10g　木耳=约2.5倍　**25g**

料理的基础

切菜方法、工具保养方法

速成练习

基础的切菜方法

切菜的方法不仅关系到好不好入口、好不好看，更影响到做菜时火候的控制和成品的口感。也就是说，菜做得好不好吃，其实和切菜手法密切相关。不同种类的蔬菜，不同的料理需要使用不同的切菜手法。

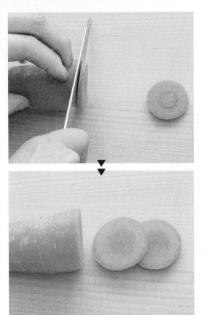

将圆筒状的蔬菜从一头开始，以和纤维垂直的角度切下，薄薄地切成片即可。厚度均匀，但具体厚度根据菜式决定。

[适合的料理]

厚片➡煮菜、炸蔬菜等

薄片➡沙拉、盐腌菜等

- 白萝卜
- 胡萝卜
- 茄子
- 藕
- 黄瓜
- 芜菁
- 土豆　等

半月形片状

先将圆筒状蔬菜纵向对切开，然后将切口面朝下，从一头开始，以和纤维垂直的角度切下，薄薄地切成片即可。

[适合的料理]

厚片➡煮菜、炸蔬菜等

薄片➡沙拉、盐腌菜等

- 白萝卜
- 胡萝卜
- 藕
- 黄瓜
- 芜菁
- 土豆　等

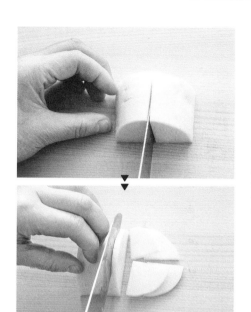

将圆筒状蔬菜竖切成4块，然后从一头开始，以和纤维垂直的角度切下，薄薄地切成片即可。

[适合的料理]

厚片➡煮菜、炸蔬菜等

薄片➡沙拉、盐腌菜等

- 白萝卜
- 胡萝卜
- 藕
- 黄瓜
- 芜菁
- 土豆　等

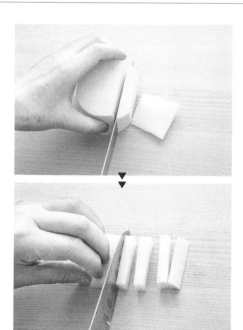

先将蔬菜切成长4～5cm的块状，然后将切口面朝下，沿着纤维切成7mm～1cm左右厚度的片状，最后将每一片切成同样厚度的柱状。

[适合的料理]

煮菜、炒菜、炸蔬菜等

- 白萝卜
- 胡萝卜
- 黄瓜
- 土豆　等

长条形薄片

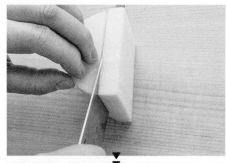

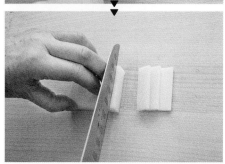

先将蔬菜切成长4～5cm的块状，然后将切口面朝下，沿着纤维切成1～2cm左右厚度的片状，再将切口面朝下，将每一片从头切成2～3mm的片状。

[适合的料理]

凉拌菜、煮汤等

- 白萝卜
- 胡萝卜　等

方块状

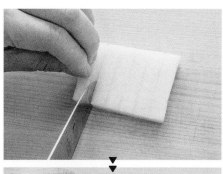

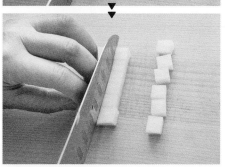

先将蔬菜切成柱状（p131），然后改换方向，从一头开始切成差不多宽度的小块即可。

[适合的料理]

炒菜、煮汤、煮菜等

- 白萝卜
- 胡萝卜
- 土豆　等

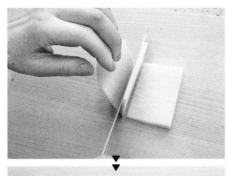

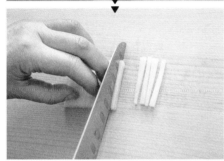

先将蔬菜切成长4～5cm的块状，然后将切口面朝下，沿着纤维切成2～3mm厚度的片状，再将每一片从头切成差不多宽的条状。

[适合的料理]

炒菜、煮汤、沙拉等

- 白萝卜
- 胡萝卜
- 黄瓜
- 土豆　等

将蔬菜纵向对半切开，然后将切口面朝下，从一头开始切成1～2mm的薄片。如果沿着纤维的走向切，蔬菜会比较有嚼劲。如果将纤维切断，蔬菜吃起来会更软，更容易熟。

[适合的料理]

沙拉、炒菜、凉拌菜等

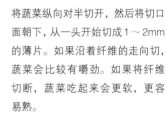

- 白萝卜
- 胡萝卜
- 黄瓜
- 洋葱　等

碎末①

将洋葱纵向对半切开，然后沿着纤维细细地竖切，注意不要把洋葱心分离出去。然后改换方向，以和纤维垂直的角度切下，切成差不多宽度的末状即可。

[适合的料理]

日式汉堡的馅料或装饰用料

● 洋葱

碎末②

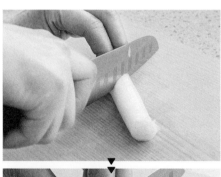

先将大葱斜切出一道道口子，然后翻面后同样斜切出一道道口子。接着从一头开始像切小圆片那样切即可。在一开始切小口的时候，要将菜刀稍微竖起，注意不要切断。

[适合的料理]

入味用调料或装饰用料

● 大葱

小圆片状

又细又长的蔬菜从一头开始切成小圆片状。以和纤维垂直的角度切下，然后按照料理的不同需求决定厚度，切成均一厚度的小圆片。将刀刃微微侧向里面切，蔬菜不容易滚动。

[**适合的料理**]

煮汤、凉拌菜、沙拉等

- 胡萝卜
- 黄瓜
- 牛蒡
- 大葱　等

梳子形块状

球形蔬菜成放射状等分。先将蔬菜纵向对半切开，然后再分别对半切开。之后从切口中心处切成2～4等份。

[**适合的料理**]

煮汤、沙拉、炒菜等

- 西红柿
- 洋葱
- 芜菁
- 土豆　等

滚刀块

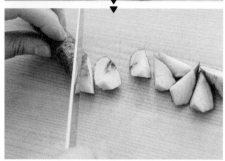

菜刀按不规则方向切下，把蔬菜切成差不多大小的块状。首先斜切一刀，然后将切口面朝上，再以同一个角度斜切向下。不断重复这一动作。这种切法的切口面积较大，容易入味，菜熟得也比较快。

[适合的料理]

煮汤、炒菜等

- 黄瓜
- 白萝卜
- 胡萝卜
- 茄子
- 牛蒡
- 红薯　等

切丝

蔬菜切成比细条状更细的丝状。将蔬菜切成 4 ～ 5cm 长的块状后，再从顶端沿着纤维的走向切成薄片，最后再沿着纤维的走向切成差不多宽度的丝状即可，也可以斜刀切丝。

[适合的料理]

沙拉、炒菜、煮汤等

- 白萝卜
- 胡萝卜
- 黄瓜
- 土豆　等

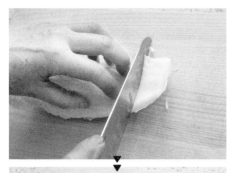

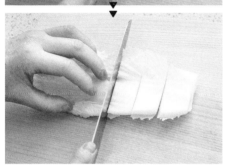

蔬菜切成适口大小的块状。沿着纤维将蔬菜切成适口的宽度，再以和纤维垂直的角度切下去，也可以将几片蔬菜叠加在一起切。

[**适合的料理**]

炒菜、火锅、煮汤、沙拉等

- 白菜
- 圆白菜
- 水菜
- 韭菜　等

切细长状蔬菜的方法。从一头斜刀切出，将蔬菜切成适合入菜的厚度。

[**适合的料理**]

煮汤、沙拉、火锅等

- 大葱
- 牛蒡
- 胡萝卜
- 黄瓜
- 西洋芹　等

调味料的基础

如果大家能熟知常用调味料里的含盐量和含糖量，那么只要知道一道菜应该放多少盐或糖，就能轻易地按含盐量置换出对应的酱油或味噌用量。这样你又可以拓展很多拿手菜了。

常用调味料的含盐量

■ 粗盐

1小勺 =5g
含盐量：5g

■ 食盐

1小勺 =6g
含盐量：6g

■ 减盐酱油

1小勺 =6g
含盐量：0.5g

■ 生抽

1小勺 =6g
含盐量：1g

■ 老抽

1小勺 =6g
含盐量：0.9g

■ 豆味噌

1小勺 =6g
含盐量：0.7g

■ 白味噌（西京味噌）

1小勺 =6g
含盐量：0.4g

■ 米味噌

1小勺 =6g
含盐量：0.7g

泥状调味料的重量

■ 生姜

1片生姜 =10g
1小勺姜末 =5g

■ 大蒜

1片大蒜 =10g
1小勺蒜泥 =5g

■ 番茄酱

1大勺 =15g
含盐量：0.5g

■ 橙醋

1小勺 =6g
含盐量：0.3g

■ 面条蘸汁（直接蘸）

1大勺 =18g
含盐量：0.6g

■ 西式酱汁

1大勺 =18g
含盐量：1.5g

■ 西式酱汁（浓）

1大勺 =18g
含盐量：1g

■ 大阪烧酱

1大勺 =18g
含盐量：0.9 ～ 1g

■ 烤肉蘸酱

1大勺 =17 ～ 18g
含盐量：1.3 ～ 1.5g

■ 零油脂酱汁

1大勺 =15g
含盐量：0.8g

■ 蛋黄酱

1小勺 =4g
含盐量：0.1g

常用调味料的含糖量

■ 蜂蜜

1小勺 =7g
含糖量：5.6g

■ 甜米酒

1小勺 =6g
含糖量：2.6g

■ 白糖

1小勺 =3g
含糖量：3g

别再浪费了！

食材的用量

做饺子或春卷的时候，是不是拌出来的馅儿不是过多就是过少？

做油炸豆腐寿司或者紫菜包饭的时候，是不是总掌握不好米饭的量？

不过只要你知道一个用量的标准，就能够恰到好处地准备原材料。

饺子

如果用中等大小的饺子皮来包饺子的话，1个饺子大约需要包15g的饺子馅。如果2人份=12个饺子，那就需要准备180g的馅料。因为加入盐后产生的腌渍效果会使肉馅流失一部分水分，而这部分水分恰好和调味料的重量相抵消，这样就意味着猪肉馅、圆白菜等所有的原材料加在一起，准备180g即可。如果用的是比较大的饺子皮，一个饺子大概需要包20g的馅。

皮（大号，直径约9.5cm）　　　　**皮**（中号，直径约9cm）

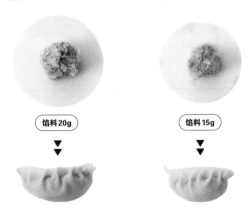

馅料20g　　　　　　　　　　馅料15g

春卷

馅料 40g

做春卷和包饺子差不多，一个春卷需要的馅料包括猪肉馅、粉丝、香菇、木耳、圆白菜等，约重40g，如果要做4根春卷，大约需要160g的馅料。

油炸豆腐寿司

米饭 40g　　**油炸豆腐皮 1/2 张**

1个油炸豆腐寿司的米饭大约是40g，1块油炸豆腐皮可以做2个寿司，所以需要80g的米饭。如果做6个寿司，就需要240g的米饭。如果想在米饭里加入其他食材，别忘记考虑其他食材的重量。

紫菜包饭

一个紫菜包饭卷（整块紫菜的1/2）大约需要300g的醋饭，所以用一整块紫菜包饭的话，至少要准备600g的饭（如何按需做出适量的醋饭请参照p122）。

料理工具

工具保养的基础

平底锅、菜刀等工具应该随时保持良好的使用状态，这样用的时候才会顺手。利用一些小技巧，就能让它们一直保持干净且好用的状态。

■ 菜刀

如果继续使用已经有点钝的菜刀，不仅不好用，而且很可能会让自己受伤。怎样做才能让菜刀保持锋利呢？只要有一个瓷碗或瓷盘即可。瓷器底部特别粗糙的部分就可以作为磨刀石使用，将刀锋在上面反复摩擦，菜刀就能保持锋利。

将刀口抵在瓷器底部特别粗糙的部分，然后按一个方向反复摩擦几下即可。

■ 不锈钢锅／搪瓷锅

这种锅容易出现洗不下来的烧焦的痕迹，这时候千万不要用洗洁精或洗碗刷去刷！只要用醋和保鲜膜就可以轻松去除这些痕迹。锅烧焦的痕迹其实是由于蛋白质，所以利用醋里面的酵素就可以分解掉这些蛋白质。再覆上保鲜膜，就能使锅光亮如新。

把醋薄薄地涂满整个锅，然后在醋还没干的时候覆上保鲜膜，静置30分钟左右。接着把保鲜膜卷成球状，擦洗一下整个锅即可。

大家是不是在用完锅后，锅还没冷却之前就迅速冲洗，为了能轻松地去除粘在锅里的各种污渍呢？其实这个做法是错误的。因为在急剧的温度变化下，不粘锅本体和氟树脂的收缩率是不一样的，这样有可能导致氟树脂层的脱落。

✗ 在锅还热的时候立刻用水冲洗，这样做容易导致氟树脂层脱落。

○ 待锅冷却之后，再用柔软的海绵擦洗才是正确的刷锅方法。

 ◀

对于平常粘在灶台上的污垢，我们总是睁一只眼闭一只眼的，其实保鲜膜在这里也可以派上用场。将含有抛光成分的清洁剂或者小苏打撒在保鲜膜上，然后把保鲜膜卷成球状擦拭这些污垢，就能够轻松去除这些烧焦的痕迹。而且保鲜膜可以用做菜时用剩下的，节约环保。

玻璃炉灶

煤气灶

图书在版编目（CIP）数据

你不懂厨房 /（日）浜内千波著；陈泽宇译. —— 海口：南海出版公司, 2019.1
　　ISBN 978-7-5442-9473-7

　　Ⅰ.①你… Ⅱ.①浜… ②陈… Ⅲ.①厨房—基本知识 Ⅳ.①TS972.26

　　中国版本图书馆CIP数据核字(2018)第243433号

著作权合同登记号　图字：30-2018-134
TITLE：〔浜内千波 調理の新常識〕
BY：〔浜内　千波〕
Copyright © 2017 Chinami Hamauchi
Original Japanese language edition published by SHUFU TO SEIKATSUSHA CO., LTD.
All rights reserved. No part of this book may be reproduced in any form without the written permission of the publisher.
Chinese translation rights arranged with SHUFU TO SEIKATSUSHA CO., LTD., Tokyo through NIPPAN IPS Co., Ltd.

NI BU DONG CHUFANG
你不懂厨房

策划制作：北京书锦缘咨询有限公司（www.booklink.com.cn）
总 策 划：陈　庆
策　　划：邵嘉瑜

作　　者：〔日〕浜内千波
译　　者：陈泽宇
责任编辑：雷珊珊
排版设计：王　青
出版发行：南海出版公司　电话：（0898）66568511（出版）　（0898）65350227（发行）
社　　址：海南省海口市海秀中路51号星华大厦五楼　邮编：570206
电子信箱：nhpublishing@163.com
经　　销：新华书店
印　　刷：北京瑞禾彩色印刷有限公司
开　　本：889毫米 × 1194毫米　1/32
印　　张：4.5
字　　数：137千
版　　次：2019年1月第1版　　2019年1月第1次印刷
书　　号：ISBN 978-7-5442-9473-7
定　　价：45.00元